上海大学（浙江·嘉兴）新兴产业研究院

前瞻技术丛书 · 主编◎施利毅

大数据及人工智能分析概论

Introduction to Big Data and Artificial Intelligence Analysis

梁龙男　金善泳◎著

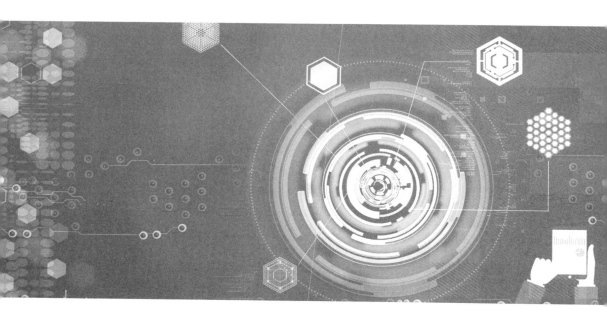

经济管理出版社
ECONOMY & MANAGEMENT PUBLISHING HOUSE

图书在版编目（CIP）数据

大数据及人工智能分析概论/梁龙男，金善泳著．—北京：经济管理出版社，2022.8
（前瞻技术丛书/施利毅主编）
ISBN 978-7-5096-8688-1

Ⅰ.①大…　Ⅱ.①梁…②金…　Ⅲ.①数据处理—研究②人工智能—研究　Ⅳ.①TP274
②TP18

中国版本图书馆 CIP 数据核字（2022）第 156719 号

责任编辑：张莉琼　杜奕彤
责任印制：黄章平
责任校对：陈　颖

出版发行：经济管理出版社
　　　　　（北京市海淀区北蜂窝 8 号中雅大厦 A 座 11 层　100038）
网　　址：www. E-mp. com. cn
电　　话：（010）51915602
印　　刷：北京晨旭印刷厂
经　　销：新华书店
开　　本：720mm×1000mm/16
印　　张：12.25
字　　数：220 千字
版　　次：2022 年 10 月第 1 版　　2022 年 10 月第 1 次印刷
书　　号：ISBN 978-7-5096-8688-1
定　　价：78.00 元

序

近年来，人工智能与机器人在全世界范围内备受关注。但是从 2014 年开始，在国际权威的 IT 研究与顾问咨询公司高德纳咨询公司（Gartner）每年公布的十大技术中，"大数据"这样的词语就不再出现了。这不是因为"大数据"不再重要，而是意味着"大数据"已经包含在十大技术里，或者已经成为这些技术的基础。"大数据"不仅可以用于构建和应用分析模型，还可以应用于机器学习（Machine Learning）、人工智能等诸多领域。

"大数据"这个词语已经出现多年。早在 2012 年，大数据在硬件、网络、磁盘生产企业就已占据主导地位，但是随着相关的基础建设和技术验证取得阶段性成果，大数据分析与应用逐渐成为重点。如果以 2015 年为分水岭，之前"大数据"和"大数据技术"是重点，那么从 2016 年开始，在"大数据"和"大数据技术"的基础上增加算法成为大数据分析的主要特点。与"大数据"本身相比，怎样分析和应用"大数据"更为重要。

即使是专家，也很难解决现实中遇到的大部分"大数据分析"方面的问题。因为"大数据分析"不仅涉及的范围很广，而且还没有确定的标准答案。也许今天应用这种方法最好，但是明天又可能发现其他更合适的方法。

"大数据技术"和"大数据分析"属于不同的领域。"大数据技术"是由计算机领域的专业人士应用和发展起来的，而"大数据分析"则是统计学、经营学、社会学等领域的专业人士所擅长的。当下的社会发展需要融合这两种完全不同的领域，最近出现的"融合学科"就反映了这一情况。计算机领域的专业人士不了解商务经营或统计，而统计或经营领域的专业人士又不了解大数据技术，为了满足社会发展的需要，一些可供人们简单、快捷地使用最常用的开放源码（Open Source）"R"软件的工具便应运而生了。

在不久的将来，如果相关法律和法规允许，并且在业内形成生态环境，那么

"数据湖"（Data Lake）和"数据加工、流通"会得到快速发展。但是，能透彻地分析数据的专家并不多。目前的"大数据分析师"培训只侧重于技术方面，并不能使大数据分析师实质性地理解和应用"大数据分析"，大部分有关大数据的书籍也以特定的大数据技术为中心。为了弥补这些缺憾，我们编写《前瞻技术丛书》时没有以"大数据技术"为重点，而是以"大数据分析"为重点，并以希望成为"大数据分析师"的、有潜力的人才为阅读对象，书中的内容也尽量使读者容易理解。

本书对"大数据分析"进行了概述，并且在多处表达了作者的见解，这是为了让读者同作者一起思考有关"大数据分析"的问题。如果全盘接受专家们提供的方案，那么可能无法提高自身在现实中解决"大数据分析"问题的能力。即使是对大家公认的理论或当下非常受大众欢迎的技术知识，也需要详细了解，考虑其不足之处。此外，本书并不是可用于简单了解"大数据分析"的基础类书籍，而是以学习过与大数据分析有关的企划、咨询、开发知识或在这些领域有经验的专业人士为阅读的对象。

进行"大数据分析"的人员需要从第一章开始看，而了解"大数据技术"的人员从第二章开始看就能够梳理目前遇到的问题和想要做的事情，并且会有一个相对明确的方向。

本书从多种观点出发，阐述了作者对大数据分析的不同理解和大众在环境、大数据企划与设计层面上需要考虑的问题。对于大数据分析案例及可以应用在实际业务中的内容，将在下一本书《大数据分析案例研究与实务》中详细阐述。

我们在编写《前瞻技术丛书》的过程中，得到了多位专家和多家企业的帮助，我们特意向拥有 15 年以上数据领域经验、不断学习新技术和新理念的企业咨询并得到了帮助。

在此感谢为编写《前瞻技术丛书》在物质与精神层面上给予我们帮助的国内专家和 WISE iTECH CO., Ltd. 金钟铉代表、Hwasumok Corp. 安东赫代表及相关人员。

上海大学（浙江·嘉兴）新兴产业研究院院长　施利毅

目　录

第一章　大数据的定义

第一节　大数据的实际形态

什么样的数据可以称作大数据？

对于这样的提问，很多人会想到网络日志数据、社交数据（Social Data）、中心数据等。大多数读者也可能这么认为。我们先看一下网络日志数据、社交数据、传感器数据的实际形态后再进行判断。

211.76.351.28－admin［13/Jun/2015：13：10：35＋0900］" GET/HTTP/1.1" 200 是打开网络日志，准确地说就是网页服务器日志文件显现时的形态。从中可以知道用户登录地址（登录用户的 IP 地址）、登录时间等信息。如果某用户访问网上购物商城，那么该网上购物商城的网页服务器就会打开网络日志，将该用户的访问记录存储在日志文件上，而且会存储用户每次点击的内容。如果是受大众欢迎的网站，会有很多人登录，那么该网站的网络服务器就会存储大量的日志文件。

如果要掌握网站的访问人数、访问数量，则需要分析网页服务器日志文件中的内容。因此，将记录在网页服务器日志文件中的内容称作"网站日志数据"（见图 1-1）。

提到社交数据，大部分人会认为是在推特（Twitter）、微信（WeChat）、KakaoTalk（韩国的免费聊天软件）等社交网络服务（Social Networking Services，SNS）工具上的聊天信息（大部分是文本构成的内容）。那么怎样才能看到这样的数据？在社交网络服务中，推特能通过免费公开的应用程序编程接口（API）获

图1-1　网页服务器日志数据

取部分数据。推特利用应用程序编程接口指定关键词后，能获取包含该关键词的文章。除了文章以外，推特还可以通过应用程序编程接口获取用户性别及其所在地区等数据。图1-2就是推特通过应用程序编程接口获取的用户信息数据。

再看如图1-3所示的传感器数据。左侧是心率传感器数据，右侧是热成像数据。热成像数据通过远距离感知生物体温的传感器获取。

以上说明的这些数据的形态各不相同。除了标准形式（网站日志①）以外，还会有特定公司定义的形式（Twitter），以及由用户任意定义（事先协商和定义从特定传感器传送的数据）的形式。

了解使用较广泛的大数据定义以后，我们再思考一下大数据的特点。国际权威的IT研究与顾问咨询公司高德纳咨询公司将大数据定义为容量（Volume）大、速度（Velocity）快、具有多样性（Variety）的信息资产即"3V"。"3V"作为大数据的特点得到了业界的广泛认可。下面我们看看网站日志数据、社交数据、传感器数据。

这三种数据都是大容量（Volume）数据吗？如果是访问者较多的网站，会产生大量的网站日志数据；如果访问者不多，数据量就不会太多。在社交数据方面，推特、微信公司的数据量无疑是巨大的，而那些通过应用程序编程接口只能

---

① 大部分网页服务器根据欧洲核子研究组织（CERN）和美国国家超级计算机应用中心（NCSA）开发和扩展的、作为超文本传输协议（HTTP）的一部分的通用日志格式（Common Log Format），生成日志文件。

```
[
  {
    "name": "Twitter API",
    "profile_sidebar_border_color": "87bc44",
    "profile_background_tile": false,
    "profile_sidebar_fill_color": "e0ff92",
    "location": "San Francisco, CA",
    "profile_image_url": "http://a3.twimg.com/profile_images/689684365/api_normal.png",
    "created_at": "Wed May 23 06:01:13 +0000 2007",
    "profile_link_color": "0000ff",
    "favourites_count": 2,
    "url": "http://apiwiki.twitter.com",
    "contributors_enabled": true,
    "utc_offset": -28800,
    "id": 6253282,
    "profile_use_background_image": true,
    "profile_text_color": "000000",
    "protected": false,
    "followers_count": 160752,
    "lang": "en",
    "verified": true,
    "profile_background_color": "c1dfee",
    "geo_enabled": true,
    "notifications": false,
    "description": "The Real Twitter API. I tweet about API changes, service issues and happily answer questions about Twitter and our API. Don't get an answer? It's on my website.",
    "time_zone": "Pacific Time (US & Canada)",
    "friends_count": 19,
    "statuses_count": 1858,
    "profile_background_image_url": "http://a3.twimg.com/profile_background_images/59931895/twitterapi-background-new.png",
    "status": {
      "coordinates": null,
      "favorited": false,
      "created_at": "Tue Jun 22 16:53:28 +0000 2010",
      "truncated": false,
      "text": "@Demonicpagan possible some part of your signature generation is incorrect & fails for real reasons.. follow up on the list if you suspect",
      "contributors": null,
      "id": 16783999399,
      "geo": null,
      "in_reply_to_user_id": 6339722,
```

图1-2　推特通过应用程序编程接口获取的用户信息数据

获取部分数据的开发者或公司，就没有那么大的数据量。传感器会因设置的检测周期不同而拥有不同的数据量。如果以0.1毫秒为单位从数百个传感器中收集数据，肯定会获得大量数据。如果只根据实际需要生成和保管传感器数据，其数据量通常会比预计的少。如果是测量室温的传感器，将其测量周期设置为1秒或30秒，虽然从传感器中收集的数据较少，但并不会影响测量的结果。

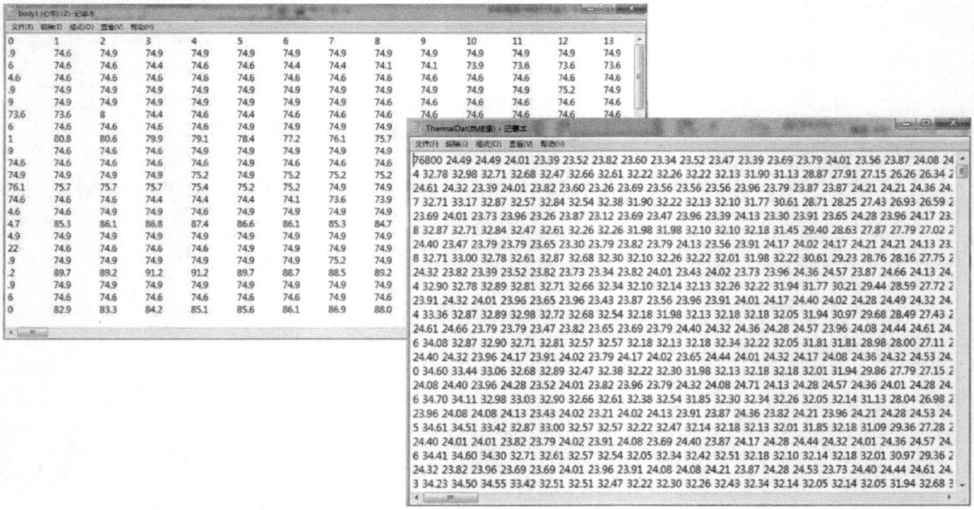

图 1-3 传感器数据

以上三种数据都会快速（Velocity）生成吗？这个特点与大容量一样，会因不同的情况而不同。如果是传感器数据，会在比较小的间距内迅速生成几乎相同的数值。不积压这种数据的生成形态或这种数据本身，（几乎）实时进行处理的情况称作流（Streaming）。

那么三种数据都具有多样性（Variety）吗？我们之前通过观察实际形态，已经得知这三种数据各有不同的形态。对此，很多专家提出将形态和结构复杂的非结构化数据（Unstructured Data）作为标准来判断数据的多样性。我们再看看这三种数据是否属于未归类到结构化数据（Structured Data）的非结构化数据。

通常存储在关系型数据库的数字或清洗过的文字称作结构化数据，而视频、音频、影像与社交数据、网站日志数据、传感器数据等则称作非结构化数据。然而实际情况却有些不同。非结构化数据都可以存储在关系型数据库中，社交数据、网站日志数据、传感器数据的形态与结构也并不复杂。对于这样的数据，我们称作值与形式有些不一致的半结构化数据（Semi-structured Data）。

数据和大数据并没有明显的区别，有时甚至没有区分的价值。如果已经通过以上说明清楚地了解了大数据的定义，那么笔者希望读者不再坚持这样的想法："我们要进行大数据分析。这个数据就是大数据。现有的技术不行，所以要使用像海杜普（Hadoop）这样的大数据新技术来制作系统。"

第二节　信息和数据

笔者认为大数据的最大贡献是使人们开始重视数据分析并根据分析结果来经营或制定政策。大数据的核心是大数据分析，大数据分析受到关注的时间并不长。目前，大数据分析在理论上还未形成统一的概念，在实务上也未成熟，很多技术和方法还在持续出现。如果太执着于特定的技术或理论，可能会马上落后；如果过快地探索新技术，也可能会误入歧途。不仅对开发者如此，对计划从事大数据分析技术相关业务的企业家或制定政策的人士也是如此。

虽然处理和分析大量数据的技术很重要，但是选择和加工我们需要的数据也很重要，掌握和应用对我们有用的信息更为重要。

几年前，还有人认为经验丰富的工作人员、领导依据经验或直觉做出的判断会比根据数据分析做出的决策更正确。现在，大数据分析已经成为日常生活的重要组成部分，并以通过数据分析得出的客观数值为优先选项。数据分析经过发展，不仅融入了人的经验，还可以通过机器分析得到超出预想的结果。

那么通过大数据分析得出的结果正确吗？只要正确地分析大数据，就可以得到准确的信息吗？

当年美国总统候选人奥巴马的竞选团队在大选活动中运用大数据进行社交网络分析，使大数据分析得到全世界的关注。很多报道和博客文章的观点是，社交网络分析成功地分析了选民，并且成为大选胜利的关键因素。但也有观点认为，奥巴马的竞选团队虽然进行了社交网络分析，但是肯定同时也进行了问卷调查和电话方式的传统舆论调查，所以社交网络分析替代了传统舆论调查的重要性和准确性的观点是不正确的。

我们再了解一下韩国的社交网络分析。韩国进行总统大选时，曾经通过社交网络数据分析得出了哪个政党的哪位候选人更有胜算。刚开始大家对分析内容感到很新奇，并相信其分析结果，但是等总统大选结束后发现，预测结果并不正确，大家就开始谈论社交网络分析结果为什么不正确。

那么为什么社交网络分析不正确？因为社交网络大数据并没有覆盖到所有人群。使用社交网络服务的大部分是年轻人，而占选民人数一半以上的中老年人群的信息很少出现在社交网络上。此外，在社交网络服务上的年轻人，外向型的会比较活跃，而保守型的则比较沉默，因而社交网络服务上的年轻人信息也并不完整。那么考虑这些因素以后再分析，会得到准确的结果吗？答案仍然是否定的。如果分析不完整的数据，得到的只能是不确定的结果，所以收集不确定的分析结果进行判断，可信度就会出现问题。而能看到确定的分析结果的判断，不管是谁怎样分析，结果也都是很明确的，所以就没有必要去分析。

某金融公司为了进行大数据分析，曾经在推特（Twitter）和脸书（Face-book）上收集过有关该公司的社交数据。结果发现，因为几乎没有人或文章提及过该金融公司，所以没有什么可分析的内容。谁会在使用社交网络服务时谈论金融呢？大家只会谈论明星或自身的兴趣爱好，只有在发生大的政治事件时才会评论政客。该公司后来又发现了一个问题，那就是大部分韩国人不使用推特（Twit-ter），而是使用名为 KakaoTalk 的社交工具提供的社交网络服务，而 KakaoTalk 不对外公开数据。

假设利用微信或微博可以分析数据，但是这个数据是正确的吗？只要仔细地分析，就能获得正确的信息吗？这个数据是否包含之前你想要得到的信息？

我们再回顾一下之前提过的非结构化数据。视频、音频、影像数据是否具有进行大数据分析的意义？实际上，在机器学习领域中对具有学习目的的数据进行分析还是非常有意义的。但是如果将非结构化数据作为做出决策而进行分析的对象，那么在现实中将很难讨论出一个明确的结果。如果想了解商场的客流量，通常不会直接分析闭路电视监控系统（CCTV）中的视频，而是通过闭路电视监控系统内或者单独的计数传感器，只识别人数并存储数据。向顾客推荐电影时，通常不会直接分析电影。电影的类型、导演、演员等信息在单独的元（Meta）数据中，而与收视率（谁在什么时候看了这个电影）相关的信息也在单独的系统中，只有通过分析这种结构化数据才能向顾客推荐电影。

另外，在现实生活中也不能直接使用视频、音频、文档本身进行分析，对这些数据至少要经过一次以上的处理才可以将它们用于分析。如果对非结构化数据分析感兴趣，那么建议你学习模式识别（Pattern Recognition）、计算机视觉（Computer Vision）等知识。

大数据分析之所以有价值是因为其能够告诉你数据隐藏的信息。通过分析不同区域搜索"感冒"这个关键词的频率，可以知道感冒发生的地区。此外，通过分析关键词，可以知道商品的流行度，还可以掌握股票指数与某些现象之间的关联性。分析得到的信息都是准确的。针对某些情况只进行一次数据分析，不再进行第二次、第三次分析是因为分析一次就能清楚地知道结果，没有必要再进行分析，而且有时数据分析并不能帮助你做出决策，更好的办法可能就是听取专家的意见。

进行大数据分析是为了获取有用的信息，在当今社会，可以获取的数据信息越来越多，分析技术也越来越好。有些人认为在信息的重要性层面上，与大数据相比，更需要关注的是深度数据（Deep Data），因为他们认为内部数据比外部数据更重要，已有的结构化数据比非结构化数据的价值更高，也是同样的思路。

第三节 大数据的处理

阐释大数据时，有些人认为其具有 3V（Volume、Velocity、Variety）特点，有些人认为还应该加上价值（Value），即具有 4V 的特点。前文也定义过大数据，虽然这些定义看起来很不错，但是容易产生争议，所以在现实中的用途也不大。

最初，学者对大数据的定义只是停留在"现有的普通技术难以应对的大容量数据"的层面上，这被认为是既简单又准确的解释。我们从这个定义出发，了解一下过去出现过的问题，再深入地理解大数据。

如果需要存储的数据非常多，应该怎么办？在只有关系型数据库管理系统（Relational DataBase Management System，RDBMS）作为数据管理系统的时期是怎样存储数据的（仅仅是几年前的事情）？公司最大的困扰应该是性能可靠的商业数据库管理系统费用高昂，为了节省费用公司可以进行如下处理：

第一，判断数据的重要性，不收集不重要的数据或以简单合计的方式对其进行存储。如果是金融公司，贷款、借款、金融商品数据对其来说都非常重要，因此要直接存储所有原始数据，而网站日志数据可以直接放弃，或者在合计页面浏览量后存储。

第二，以时间点对数据赋予优先顺序。只将最近三年产生的数据存储在关系型数据库管理系统中，其余直接使用磁带存储。有的网上银行（Online Banking）不向客户提供查询所有的交易内容的服务，客户只能查询最近一年的交易信息，如果客户要查询一年以前的交易内容，就需要提前向银行申请，银行在几天后向其反馈结果。这是因为银行只将客户近期的金融数据存储在商业数据库管理系统中，其他的数据则存储在磁带等存储器上。

第三，设置数据访问等级。只将公司所有人共享的信息存储在商业数据库管理系统中，详细的数据则由各部门自行存储。对于销售数据，将月份、商品、地区等信息合并后存储，而营销人员的销售业绩数据则由营业部门管理，每天的销售额与退货信息由各地区卖场使用 Excel 或文档进行管理。

　　如果要存储的数据很多，并且不想对其进行处理，只想直接存储数据时应该怎么做？如果不能以合计的方式保管数据，或者重要的交易数据非常多，即使是最近一年的数据也非常多，那么就无法再使用以上的方法①。即使支付再多的费用，也无法通过关系型数据库管理系统解决问题时，只能使用"大数据平台"技术②。

　　一些公司从 2000 年开始就意识到关系型数据库管理系统的局限性，于是它们开始探索新的数据存储和分析方式，几年以后，以分散的文件形式存储和分析数据的方式（具有代表性的有海杜普项目）已经达到实际应用水平。2010 年以后，大型互联网公司的大数据平台应用案例开始被人们知晓。

　　因为海杜普免费开放源码（Open Source），所以其成为目前使用较广泛的大数据平台。海杜普的核心系统是海杜普分布式文件系统（Hadoop Distributed File System，HDFS），该系统提供直接存储所有数据的功能，像文档、视频一样的非结构化数据也不需要很高的费用就可以存储。虽然海杜普为大数据存储做出了很大的贡献，但其却在分析领域有着非常明显的弱点。与此有关的内容将在第四章讨论。

---

　　①　但是这三种方法到目前为止（和未来）仍然是有用的，这些方法还会在第九章介绍系统设计时提到。

　　②　需要说明的是，"大数据平台"并不单指海杜普，笔者在第十章"大数据的收集和存储"中将介绍多种大数据平台技术。

第二章　大数据分析

前面的内容相当于概要，有关大数据分析的实际内容将在以后的章节进行介绍。这些内容是理解大数据分析系统和企业规划的基础内容，非专业人士可能较难理解其中的一部分内容。对于企划人、政策制定者而言，为了正确理解大数据分析，有必要了解这些内容。

第一节　企业实际需要的分析

一、统计分析与报告

销售分析和成果分析是企业日常进行的基础分析，基于这种情况，我们比较一下 A 和 B 两种分析方式（见表 2-1）。

表 2-1　销售分析和成果分析的两种分析方式

分析类型	分析方式
各分店的销售分析	A：对各分店之间是否存在销售额差异进行统计显著性检验 B：各分店的同比销售额增长率报告
新产品上市成果分析	A：分析除去季节因素后，是否还出现有意义的业绩差异 B：各分店的完成率（目标与实际的对比）报告

从结论上看，没有一家公司愿意进行 A 类型的统计分析。公司不是学校或研究所，因此分析结果应该直接明了、简单实用。虽然 B 类型的报告从某种角度上

看并不属于分析的内容，但是与使用统计方法得出的结果相比，对公司更有帮助。我们再列举一家企业需要 B 类型报告的理由，即 B 类型分析的目的不是分析本身，而是完成目标促使组织运转。

二、数据挖掘分析与可视化

大型餐饮连锁店为了向顾客推荐菜品和开发整套菜单，会进行菜单关联分析。关联分析既可以利用查询命令进行关联计算，也可以在数据挖掘软件中使用关联（Association）算法。在此，我们基于全世界使用较多的开放源码数据挖掘软件 R 介绍关联分析。

我们假设已对数据进行了预处理（Preprocessing）①，数据分析师为了进行关联分析而制作了 R 脚本（Script）（见图 2-1，在这里只是告诉读者"正在进行这样的操作"，所以没有必要理解图片中的命令）。然后，一边调整变量（置信度），一边多次执行 R 软件（见图 2-2）。

```
install.packages("RODBC")
install.packages("arules")
library(RODBC)
library(arules)

#Connection
channel <- odbcConnect("ODBCMySql", uid="root", pwd="")

#make subset through reading seq_id, Menu_ID
read_menu <- sqlQuery(channel, "select seqid, Menu_ID from
t_menuorder")
head(read_menu)

转换为#Transaction format
save(read_menu,file="read_menu.rdata")
write.csv(read_menu, "read_menu.csv")
Trans_menu = read.transactions(file="read_menu.csv",
format="single",sep=",",rm.duplicates= TRUE ,cols =c(2,3))

inspect(head(Trans_menu ),10)
itemFrequencyPlot(txn);
```

```
# create basket rule
basket_rules_1 <- apriori(Trans_menu ,parameter = list(sup = 0.05,
conf = 0.2,target="rules"))

basket_rules_2 <- apriori(Trans_menu ,parameter = list(sup = 0.04,
conf = 0.2,target="rules"))

basket_rules_3 <- apriori(Trans_menu ,parameter = list(sup = 0.03,
conf = 0.2,target="rules"))

basket_rules_4 <- apriori(Trans_menu ,parameter = list(sup = 0.02,
conf = 0.2,target="rules"))

basket_rules_5 <- apriori(Trans_menu ,parameter = list(sup = 0.01,
conf = 0.2,target="rules"))

确认至#basket_rules_1 ~ 5
summary(basket_rules_1)
inspect(basket_rules_1)
summary(basket_rules_2)
inspect(basket_rules_2)
summary(basket_rules_3)
inspect(basket_rules_3)
summary(basket_rules_4)
inspect(basket_rules_4)
summary(basket_rules_5)
inspect(basket_rules_5)
```

图 2-1　制作脚本

---

① 实际上，数据的预处理工作消耗的时间最多，也最难。该操作在整体的数据挖掘工作中占 70% 以上的比重。

```
> summary(basket_rules_1)
set of 10 rules
                                > summary(basket_rules_2)
rule length distribution (lhs   set of 16 rules
1 2
1 9                             rule length distribution (lhs + rhs
                                1 2                                > summary(basket_rules_4)
                                1 15                               set of 1 rules
  Min. 1st Qu. Median  Me
   1.0    2.0    2.0    1         Min. 1st Qu. Median  Mean 3rd    rule length distribution (lhs + rhs):sizes
                                 1.000  2.000  2.000  1.938   2      2
summary of quality measures:                                        1
   support      confiden summary of quality measures:
 Min.   :0.05134  Min.   :0.     support       confidence           Min. 1st Qu. Median  Mean 3rd Qu.   Max.
 1st Qu.:0.05385  1st Qu.:0.  Min.   :0.04102  Min.   :0.2232          2      2      2      2      2        2
 Median :0.07666  Median :0.  1st Qu.:0.04835  1st Qu.:0.2606
 Mean   :0.10810  Mean   :0.  Median :0.05265  Median :0.3494   summary of quality measures:
 3rd Qu.:0.10249  3rd Qu.:0.  Mean   :0.08445  Mean   :0.3915      support         confidence         lift
 Max.   :0.41252  Max.   :0.  3rd Qu.:0.09391  3rd Qu.:0.5351    Min.   :0.02253  Min.   :0.4495  Min.   :2.346
                              Max.   :0.41252  Max.   :0.5849    1st Qu.:0.02253  1st Qu.:0.4495  1st Qu.:2.346
mining info:                                                    Median :0.02253  Median :0.4495  Median :2.346
 data ntransactions support c mining info:                      Mean   :0.02253  Mean   :0.4495  Mean   :2.346
  txn      519053     0.05      data ntransactions support confiden 3rd Qu.:0.02253  3rd Qu.:0.4495  3rd Qu.:2.346
                                txn      519053     0.04         Max.   :0.02253  Max.   :0.4495  Max.   :2.346

                                                               mining info:
                                                                data ntransactions support confidence
                                                                 txn      515967     0.02      0.4
```

图 2-2　变量的调整

现在整理和说明分析结果。在图 2-3 中，{2607} 是烤短肋排肉饼的商品编号，{2577} 是大酱汤的商品编号，{2582} 是蔬菜拌饭的商品编号。第一行和第二行计算了烤短肋排肉饼和大酱汤的关联性。"lift"项的数值指客户在餐厅点

```
> inspect(basket_rules_5)
    lhs            rhs        support    confidence    lift
1  {2607} => {2577}   0.01010530   0.7409407   33.458863
2  {2577} => {2607}   0.01010530   0.4563277   33.458863
3  {2582} => {2577}   0.01701272   0.9876238   44.598396
4  {2577} => {2582}   0.01701272   0.7682479   44.598396
5  {1434} => {1695}   0.01221590   0.5697885   23.776146
6  {1695} => {1434}   0.01221590   0.5097452   23.776146
7  {1423} => {1695}   0.01096776   0.4664139   19.462530
8  {1695} => {1423}   0.01096776   0.4576628   19.462530
9  {2243} => {1945}   0.02253245   0.4495225    2.345707
10 {1945, 2243} => {1988}  0.01030105  0.4571650   2.33281
11 {1988, 2243} => {1945}  0.01030105  0.5856104   3.05584
12 {1541, 1945} => {1551}  0.01351637  0.4581828   2.60894
13 {1541, 1988} => {1551}  0.01151624  0.4460961   2.54012
```

图 2-3　分析结果的说明

烤短肋排肉饼时一起点大酱汤的可能性比不点大酱汤高出 33 倍。第三行与第四行也一样,"lift"项的数值是指客户点蔬菜拌饭时一起点大酱汤的可能性比不点大酱汤高出 44 倍。

这样的分析看起来很好,好像也得到了有意义的结果。即使对解释内容不太理解,也请先记住"lift"值高的商品之间的组合,其在很久以前就为很多公司的营销活动带来了很大帮助。

以前收集和分析数据,会花费很多时间和费用,有时还受限于硬件和软件无法进行分析。现在不会再出现因硬件和软件的局限性而不能分析的情况,但是数据的挖掘仍然很难。前文中提到的关联是数据挖掘中最简单、最容易解释的方法,那么怎样才能使公司人员很好地理解和应用这些?答案是可以试试可视化。

图 2-4 是使用了名为圆堆图的可视化图表。通过这个可视化图表,餐饮连锁店不仅能掌握菜品间的关联性,还能掌握顾客点菜数量和一起被点的菜的比重。通过图 2-4,可以确认大酱汤的点单量和与其一起的烤短肋排肉饼的点单量。也就是说,通过圆的大小可以知道每点三次大酱汤,就会一起点一次烤短肋排肉饼。

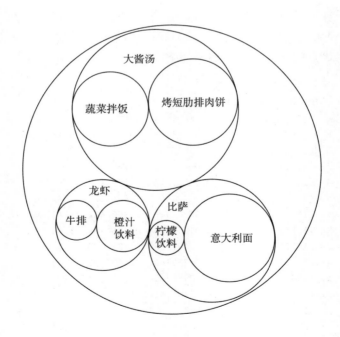

图 2-4 菜单关联性的可视化

我们比较一下数据挖掘和可视化。如果要挖掘数据，则需要进行数据预处理，应用挖掘算法，得到的结果还需要数据挖掘专家的解释和整理。可视化则视情况而定，有时几乎不需要进行数据预处理。只要熟练掌握可视化图表的使用方法，就可以直接表现数据本身，普通用户也可以直接根据图表画面进行解释。在公司的立场上，因为企划人员利用可视化图表看到分析结果后，可以马上制定营销战略，所以可视化非常实用。

三、在线分析

公司管理人员在收集、整理数据后，会制作各分店商品的同比销售额增长率报告。但是很多情况下，管理人员可能需要了解更多的内容，如各种商品的增长率、男客户和女客户的增长率、销售额排名靠前的五种商品等。这些都可以通过数据分析得到，但是管理人员通常会提出一个要求，那就是"马上给我"。

在数据分析中，在线分析包含看报告的用户直接、立即进行分析的意思。具有在线分析含义的联机分析处理（On-Line Analytical Processing，OLAP）虽然与联机事务处理（On-Line Transaction Processing，OLTP）是相对的概念，但其在很久以前就被视作可进行多维分析（Multi-dimensional Analysis）和非结构化分析的软件。

联机分析处理的典型形态是在 Excel 上使用数据透视表（Pivot Table）对数据进行汇总、分析。我们通过表 2-2 了解一下联机分析处理的特点。

表 2-2　联机分析处理的特点

分析类型	特点
多维分析	用户能以原来定义的观点以外的多种观点进行查询，还可以按照层次结构形态查询数据
没有信息中间人的分析	用户不需要经过中间人（计算机部门）或者媒介（报告），直接在线接触数据，获取信息。因此，可以节省请求计算机部门协助提供原始数据的时间，并缩短信息加工时间
交互式（Interactive）分析	用户通过点击（Click）或拖放（Drag & Drop），可以很轻松地在系统中进行数据查询。系统会迅速地提示查询结果，使用户的思路不中断
直观分析	用户以分析的信息为基础，可以了解公司的整体情况，也可以据此进行决策

第二节 从数据到分析结果的距离

如果拥有数据，是否能立即得到分析结果？遗憾的是并不会。要得到数据分析结果，通常要经过漫长的过程，具体如图 2-5 所示。

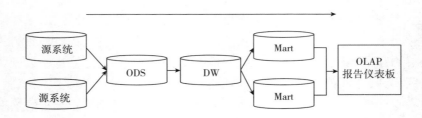

图 2-5 从数据到分析结果的过程

究竟是什么原因让获取数据分析结果的过程如此漫长？缩减流程或者直接使用数据和分析工具（联机分析处理、报告、看板、挖掘、可视化等工具）不可以吗？在如图 2-5 所示数据分析过程的中间阶段可以看到 ODS、DW、Mart 等内容。[①] 它们的作用是"将同样的数据重复存储好几次"。

还有一个问题是，如果进行在线数据分析、实时数据分析，那么在线（实时）分析具体指哪个场所？系统开发人员、分析工具供应商所指的位置不是数据所在的最初场所，即源系统（Source System）或者第一次存储数据的场所（ODS）[②]，而是完成数据存储和加工处理的最后一个场所（Mart）。图 2-5 最右侧的部分才是在线（实时）[③] 分析。

以下将介绍数据直接通往分析阶段的方式，具体如图 2-6 所示。

---

① ODS 是指操作型数据存储（Operational Data Store），DW 是指数据仓库（Data Warehouse），Mart 是指场所（Mart）或者数据场所（Data Mart）。

② 在首次存储的角度上，海杜普分布式文件系统也能发挥操作型数据存储的作用。在小规模的系统中，临时数据库（Temp DB）可以承担操作型数据存储的角色。图 2-5 是最基本的数据分析系统，再复杂的系统也不会脱离这个框架。详细的内容会在第十章进行介绍。

③ 作为非开发人员的普通人所想的实时分析其实是很难实现的。在实际操作中，实时可以在实时查询、实时监控等层面上实现。

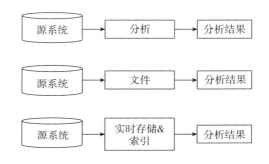

图 2-6 数据（几乎可以）直接通往分析阶段的方式

第一种方式是直接在存储数据的原始系统上查询。电商网站的原始系统是订单系统，银行的原始系统是转账系统，这些都称作运营系统（与之前的联机分析处理相对的联机事务处理系统）。如果想知道过去一个月各地区的订单金额、过去一周各地区的转账金额，那么可以直接利用查询命令在存储数据的原始系统中进行查询（具体的方法是在相应数据库管理系统中使用 SQL Query 命令）。实际上，这种操作会被严格限制。如果执行查询命令，订单（转账）系统可能会变慢或停止。目前，订单量监控或每日订单业绩报告可以依据原始系统中的数据进行，但是"分析"需要将数据转移到另外的系统中进行。

第二种方式是原始系统实（准）时传送生成的数据，并以此为对象进行分析。传统的方式包括只将数据变更的部分从数据库管理系统传送到数据库管理系统的变化数据捕获系统（Change Data Capture，CDC）、生成数据时连同原始数据一起传送至触发器（Trigger）等。目前，还出现了以特定文件形式存储数据，并用特定数据分析工具分析数据的方式。与第一种方式用 Analysis 表示相比，第二种方式用 Analytics 表示是因为工具（Tool）的意味更强。

第三种方式与第二种方式相似，其特点是增加了检索方法。传感器数据或日志数据产生时即被收集、存储，并且可以实（准）时地在看板或报告中看到。但是因为数据的特点，该种方式以简单的分析（合计、数量）为主。

不论是哪种方式，都存在优缺点，这三种方式的优点是几乎都可以直接看到数据，而且几乎可以看到实时数据。但是在现实生活中，公司不会只做单纯的数据分析，因此通常会选择性地利用以上三种方式。即使进行销售业绩分析，也要参考顾客退货或取消退货的情况以后再加工（再次计算）数据。在区分内部订单或系统测试用订单等实际操作中，几乎没有直接看数据的情况。进行数据分析时，要关联多种因素，而不是只考虑一种因素，即从多个维度（客户+订单+商品）考虑，还要考虑这些维度在各个时期的发展趋势。

我们再了解一下从拥有数据到分析数据的流程虽然很多，但还是有必要继续保留操作型数据存储（ODS）、数据仓库（DW）、集市（Mart）等传统结构的原因。进行销售业绩分析或类似的分析时，应该在数据中反映企业固有的商业规则，并且要划分数据存储等级，使数据安全或更易管理。集市可以根据企业各部门的权限区分数据的开放程度，而数据仓库则可以适用于只向专业分析师开放数据的政策。适用于数据仓库这样的共同的数据储存库的分析标准①可以由全公司共享。数据和分析工具可以相互分开，使数据分析不被特定公司的产品限制②。

如果无法缩短拥有数据和分析数据之间的距离，那么在距离不变的情况下，能否加快速度？目前可以实现的方式就是使用应用较多的设备、NewSQL（各种新的可扩展/高性能数据库）来组成平台。具体的内容将在第四章进行详细介绍。

第三节　概念性的分析方法回顾

这里介绍的内容与"大数据分析"没有多少关联性。下面将介绍大数据分析前期的客户关系管理（Customer Relationship Management，CRM）、数据库营销时经常进行的"客户分析"。

一、客户终生价值分析

客户终生价值（Customer Lifetime Value）可以多种方式进行定义和计算。终生价值（Lifetime Value）能为以下战略性问题提供答案③。

（1）应该以谁为目标客户？

（2）为什么要将特定客户定为目标客户？

（3）怎样将高价值客户变成目标客户？

（4）为了将高价值客户变成目标客户，应该做什么？

终生价值分析还能测量客户对商业潜在的贡献度，依据与普通客户有关的收

---

① 这个标准可以成为数据处理的计算标准，也可以成为全公司明确定义数据项的标准用语。

② 系统是不断变化的，笔者将在第十二章分别对变更已有系统的情况、变更工具的代价和费用、变更平台的情况进行说明。

③ 如果已经了解数据分析与商业之间的紧密联系，那么希望读者仔细阅读第八章，并对客户分析与帕累托法则（Pareto Principle）、长尾理论（Long Tail Theory）进行比较和思考。

益或利润流的净现值进行计算。在这里，笔者先将自身偏好的潜在价值（Potential Value）概念作为切入点进行介绍，并将客户价值分为三种（见表2-3）。

表2-3　客户价值分类

价值类型	内容
历史价值（Historic Value）	到目前为止客户带来的业绩
当前价值（Current Value）	假设客户在未来也有同样的行为，预计能够带来的业绩
潜在价值（Potential Value）	因企业的营销活动，客户被说服后改变行为，并由此增加的未来业绩

对于个别的客户，可以计算其当前价值和潜在价值。当前价值可以在历史价值上代入购买生命周期后求出。潜在价值则通过对商品或服务组合进行追加销售（Up-sell）[1] 或交叉销售（Cross-sell）[2] 获得的利润求出。

考虑客户当前价值和潜在价值的范围后，可以画出如图2-7所示的矩阵图（Matrix）[3]。我们现在根据矩阵图，思考一下公司的客户管理战略。处于当前价值高的分组中的客户是公司的优质客户。这个分组中的客户按照潜在价值可分为两种，在"保持"（Retain）区域的客户虽然当前价值高，未来也会带来利润，但是因为潜在价值低，就算公司再努力营销，也不会增加太多的利润，而针对"发展"（Develop）区域或"培养"（Nurture）区域的客户，公司通过营销能取得较大的利润。如果在此基础上再结合客户性别、年龄、收入等变量进行详细分析，就可以制定更有效的战略。

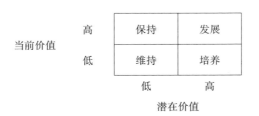

图2-7　客户当前价值和潜在价值的矩阵

---

① 追加销售是指如同向购买小型车的客户销售中型车的销售。
② 交叉销售是指如同向购买汽车的客户销售与汽车有关的保险的销售。
③ 因为潜在价值的矩阵图是很久以前的内容，所以无法找到资料来源，请读者谅解。

二、优质客户的定义

如果以个人投资者为对象定义证券公司的优质客户，那么支付较多交易手续费、为证券公司带来很多收益的客户，就可以称作优质客户。之前提过的终生价值是考虑了客户长期收益的概念，现在我们一起思考一下这个概念。如果个人投资者要为证券公司带来长期收益，那么投资者本人也要获得利润。那些虽然支付了很多交易手续费但是在自身利润亏损的情况下继续赊账或逾期未付款的客户不能再为证券公司带来收益。

那么作为定义优质客户的一种方法，我们将收益高又能确保自身投资收益率的长期合作客户定义为优质客户。图 2-8 将支付的证券交易手续费达到一定水平以上［这里将标准确定为达到盈亏平衡点（Break Even Point，BEP）以上］的客户看作收益客户，将获得高于国债等无风险资产投资收益的收益率的客户看作是流失风险小的长期合作客户。那么，图 2-8 中的弧线越是往右，代表客户越优质。

当因为系统的局限性无法对庞大的股票买卖记录、赊账数据、逾期未付款数据进行分析时，大数据分析能在技术方面提供多种解决方案。因此，普遍认为可以通过大数据分析掌握海量信息隐藏的含义。但是公司的分析师不能只单纯依靠机器找出数据"隐藏的含义"，还应该能设计出符合商业目的的数据分析模型。

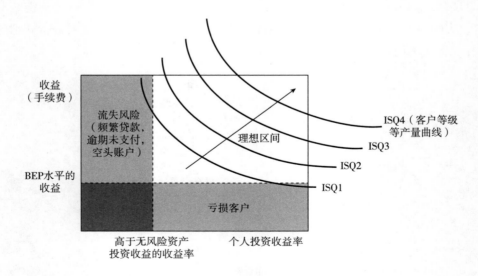

图 2-8　证券公司对优质客户的定义

三、根据收益性细分客户

这里将介绍单纯以收益性为标准细分客户的例子。

以每个客户的年度贡献额（购买股票的金额、支付交易手续费等营业收入）减去每个客户的平均费用（所有营业费用除以客户数的值）能够得出每个客户带来的年收益额。然后，划分收益区间，就可以对客户进行分类，具体如表 2-4 所示。

表 2-4 根据收益对客户进行的分类

收益区间	客户类型
10000000 韩元以上	最优质
1000000~10000000 韩元	优质
100000~1000000 韩元	普通
-100000~100000 韩元	临界
-100000 韩元以下	亏损

图 2-9 是根据客户类型制作的收益流的瀑布图（Waterfall Chart）。由图 2-9 可知，最优质客户有 392 人，占整体数量的 1%，创造了 1076100 万韩元的收益。

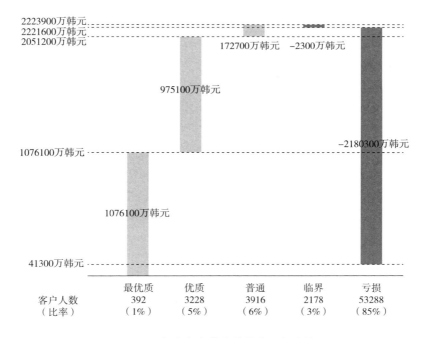

图 2-9 各类客户带来的收益总额比较

如果加上优质、普通客户创造的收益，总收益额是 2223900 万韩元。临界客户占客户整体数量的 3%，产生 2300 万韩元的亏损。而导致收益亏损的客户有 5 万多人，占客户整体数量的 85%，产生 2180300 万韩元的亏损。最终，公司的整体收益为 41300 万韩元。

通过比较各类客户的平均收益（见图 2-10），可以知道一个优质客户的影响力。

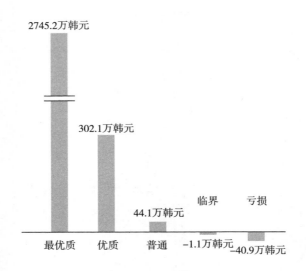

图 2-10　各类客户的平均收益比较

该案例说明的情况是线上金融公司在创业初期可能会遇到的情况。公司在创业初期或处于竞争的情况下，有时会暂时不考虑收益，而先增加客户数量。那么，之后应该怎么确保收益？分析优质客户对公司的价值，有助于公司制定获得收益的战略。

多数公司通常根据销售额，而不是根据收益来评价客户。为什么会这样？虽然收益与公司最重要的成果指标有着直接的关联，但是公司无法向客户解释如何提高自己的收益性等级，而通过销售额就可以简单明了地向客户介绍营销信息。例如，向客户解释“如果再购买 10 万韩元的商品就能成为优质客户，可以得到 1% 的积分”。与客户共享细分客户的方法，能够有效地促进销售，并且在公司内部也容易识别客户的等级。但是也没必要只按照一种标准确定客户等级，而是可以根据公司发展目标、部门的不同情况和其他细分标准另外制定客户等级。如果使用收益标准细分客户，那么比确定客户等级更重要的是开发出符合收益性的营销指标。

四、客户等级变化分析

客户等级是时刻变化的，如果每三个月调整一次客户等级，得出如表2-5所示的分析结果，公司应该如何解释和应对？

表 2-5　客户等级的变化

现在 3个月前	贵宾客户 （VIP）	金牌（Gold） 客户	银牌（Silver） 客户	青铜（Bronze） 客户	普通客户	总合计
贵宾（VIP）客户	3 （2%）	23 （16%）	38 （26%）	39 （27%）	42 （29%）	145
金牌（Gold）客户	4	35 （17%）	47 （23%）	44 （22%）	73 （36%）	203
银牌（Silver）客户	5	48	329 （26%）	636 （51%）	228 （18%）	1246
青铜（Bronze）客户	0	22	490	15908 （83%）	2801 （15%）	19221
普通客户	0	10	51	6509 （21%）	24079 （79%）	30649
非客户	1	13	107	7231 （63%）	4186 （36%）	11538
总合计	13	151	1062	30367	31409	63002

从表2-5中可以看出，客户从高等级降到低等级的比重较高，普通或青铜客户的等级保持率非常高。但是等级越高的客户，其等级下降的比率越大（贵宾客户下降了98%，金牌客户则下降了83%）。因此，公司需要找到对策，防止出现优质客户脱离的现象。如果从其他角度解释，出现该结果可能是公司没有设计好客户等级区分标准；如果客户等级区分标准设计得恰当，那么可能是公司的客户管理能力存在严重问题。

大数据分析虽然强调技术性的分析方法，但是数据分析的质量在很大程度上仍取决于概念性的定义和解释。如果想成为大数据分析师，而不是数据开发人员，那么除了要了解技术性的数据分析方法以外，还要多学习商品分析、收益性分析等概念性的分析方法和案例。

第三章　大数据分析的趋势

第一节　大数据分析的发展过程

国际权威的 IT 研究与顾问咨询公司高德纳咨询公司每年会发布十大战略技术发展趋势。在其 2011~2015 年发布的十大战略技术发展趋势目录中，"大数据分析"的排名如表 3-1 所示。

表 3-1　2011~2015 年高德纳咨询公司发布的十大战略技术发展趋势

序号	2011 年	2012 年	2013 年	2014 年	2015 年
1	云计算	媒体平板及延伸	移动设备的战争	移动设备多元化及管理	普适计算
2	移动应用和媒体平板	以移动设备为中心的应用程序和界面	移动应用程序 &HTMLS	移动应用程序与各类应用	物联网
3	社交交流和协作	背景感知与社交结合的用户体验	个人云	万物联网	3D 打印
4	视频	物联网	物联网	混合云及 IT 服务代理	普遍化的先进分析
5	下一代分析	应用商店和市场	混合 IT& 云计算	云端/客户端架构	提供多种情境信息的丰富环境系统
6	社交分析	下一代分析	战略性大数据	个人云时代	智能机器
7	背景感知计算	大数据	可行性分析	软件定义一切	云端/客户端计算
8	存储级内存	内存计算	内存计算	互联网规模 IT	软件定义应用和基础架构
9	普适计算	低耗电服务器	集成化生态系统	智能机器	网络规模的 IT
10	基于结构的计算及基础设施	云计算	企业应用商店	3D 打印	基于风险的安全和自我保护

2011 年，下一代分析排名第五，社交分析排名第六。2012 年，下一代分析排名第六，大数据第一次出现并排名第七。2013 年出现了战略性大数据和可行性分析，分别排名第六和第七。2014 年不再出现"大数据"。2015 年的十大战略技术发展趋势目录中出现普遍化的先进分析，并排名第四。与大数据有关的"云"，每年都会被提及。从 2012 年开始，物联网也每年出现在十大战略技术排行榜中。

我们应该怎么解释"大数据分析"的重要性？如果只解释表层的现象，那么"大数据分析"将从 2010 年开始迅速发展，几年以后逐渐消失。从其他观点看时，大数据一直与其他战略性技术相融合。如果从广义的角度考虑，可以说大数据目前已融入所有的战略性技术中。

2016 年高德纳咨询公司发布的十大战略技术以数字网（The Digital Mesh）、智能设备（Smart Machines）、新 IT 现实技术（The New IT Reality）为三大主题（见图 3-1），有趣的是大部分技术都可以与大数据联系在一起进行说明。在 2016

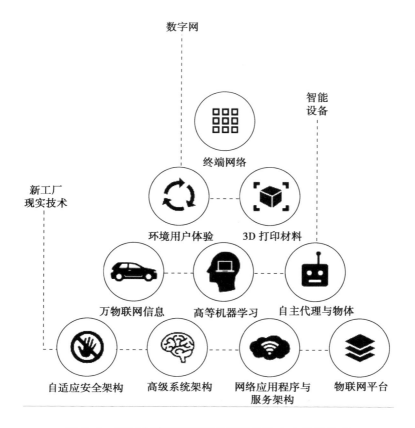

图 3-1　2016 年高德纳咨询公司发布的十大战略技术

年发布十大战略技术发展趋势时，高德纳咨询公司的分析师兼副总裁 David Cearley 预测了算法业务（而非数字业务）的发展，这里所指的算法应该是指以大数据为前提的机器学习和人工智能（Artificial Intelligence）。这部分内容将在本章第四节"从算法观点看大数据分析的趋势"中进行详细说明。

第二节　从平台角度看大数据分析的趋势

对于称作大数据分析系统或大数据分析平台的软件基础设施，笔者想要强调的是各种平台不是相互替代的关系，而是相互补充的关系。可以用来进行大数据分析的系统不止一个，有时可将两个不同的平台融合在一起，但是从前的系统更有效的情况也很多。

进入大数据时代后，海杜普和 NoSQL（Not only SQL）虽然看起来要替代关系型数据库管理系统的功能，但是实际上并非如此。海杜普依靠存储的功能虽然占据了一定的地位，但是关系型数据库管理系统不断升级，也吸纳了内存（In-memory）功能，并具有列（Column）形态的处理①功能，其分析功能得到了强化。大多数中小规模的大数据分析系统以关系型数据库管理系统为中心构成，海杜普并不是必选项。如果数据规模达到数十太字节（TB），为了存储和预处理数据需优先考虑采用海杜普。但是如果只进行数据分析，那么采用以关系型数据库管理系统为基础的设备（Appliance）② 就可以完成。

云作为大数据分析的基础设施，得到了越来越多的应用。亚马逊公司以云平台为基础，提供大数据平台与大数据分析服务，甚至还推出了名为 Snowball③ 的大数据传输服务。虽然目前云服务的大容量数据分析或大量数据的计算处理功能不如设备，但是跨国云服务公司正在不断地推出提高内存和中央处理器（CPU）配置的高性能服务，将软件型设备向云服务化或提供列式数据库管理系统（Column DBMS）功能的方向发展。

---

① 列（Column）形态的处理与现有的行（Row）形态处理相比具有更优秀的大容量数据分析性能。有时，列数据库（Column DB）还会被归类为 NewSQL（各种新的可扩展/高性能数据库）。

② 设备是为了实现高性能而将硬件（HW）+软件（SW）+数据库管理系统（DBMS）进行一体化的解决方案（Solution）。最近，独立于硬件的软件型设备正在迅速发展。

③ 拥有大数据的企业，如果想要将数据迁移到云端，亚马逊公司会提供数据存储服务器，并在回收数据以后直接将其上传到云端。

大数据分析平台同时存在开放源码和商业应用两种类型。大数据分析初期，开放源码的平台（软件），有一部分变成了商业应用类型，与此相反的情况也时有发生。现在，这两种类型的大数据分析平台以共存和相互吸收优点的形态发展。

图3-2是在大数据分析初期（2010年左右）构建的平台结构。这是一个门户网站，当时每天的网站日志规模在70太字节左右。引进海杜普后，原来需要10个小时以上时间的日志分析，现在只需要3个小时左右的时间就可以完成。

通过数十台日志服务器，可以将数据存储到海杜普中进行预处理。我们先记住在第一章第一节中提到的网站日志数据的形态。预处理是去除不必要的部分，重新整理有意义的项目的过程。海杜普下面的 Hive（数据仓库工具）、Kettle ［ETL（抽取、转换、加载）工具］、用户空间文件系统（FUSE）使用查询（Query）命令可直接分析或迁移数据。位于最下端的 Oracle（数据库管理系统）作为现有的关系型数据库管理系统负责将分析结果（合计的网站日志统计）表现为网站视图，而作为设备的 GreenPlum（数据库）则负责进行多种非结构化"分析"。在大数据分析初期，还可以看到关系型数据库管理系统和海杜普、商业软件和开放源码软件共存的形态。

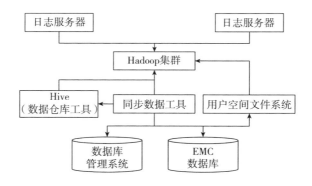

图3-2 门户网站初期的大数据分析平台结构

图3-3是2015年下半年制作的IBM云（IBM Cloud）结构。目前还未按照以下形态实际提供所有服务，有些还只停留在概念阶段。

我们先看图3-3的左边。非结构化数据使用了 Spark（大规模数据处理分析引擎），结构化数据则使用了 dashDB（基于 IBM 旗舰产品 DB2 关系型数据库的 BLUE Acceleration 内存计算技术）。虽然其内存系统的名称是 Hadoop Spark，但是其与称作海杜普的海杜普分布式文件系统并不是相同的平台。就处理数据的方

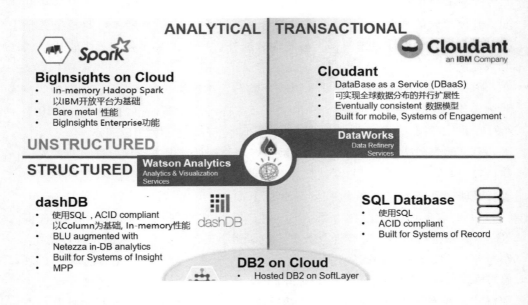

图 3-3　IBM 云结构

式来看，海杜普基本采用批处理（Batch）方式，而 Spark、Storm（分布式实时计算系统）等开放源码平台则以实时处理为基础。Spark 适合处理传感器数据，不适合处理复杂形态的非结构化数据。另外，Bare metal 是指提升了内存和中央处理器配置的高性能云基础设施服务（Bare metal 是商品名称）。

dashDB 较为重要，其既是关系型数据库管理系统（RDBMS），又具有列式处理功能和内存功能的 DB2 BLU，同时又增加了作为设备的 Netezza（数据库）的功能。以后，其还会与认知计算（Cognitive Computing）和提供人工智能算法的沃森（Watson）产生关联。这些功能可以轻松地在云端使用。

第三节　从数据观点看大数据分析的趋势

曾有人将大数据比喻为 21 世纪的"原油"（Crude Oil），是拥有巨大价值的资源，但因为是原油而非石油（Petroleum），所以需要开采和精炼。目前，人们除了重视数据加工以外，也越来越重视寻找有价值的数据。

"非结构化数据就是大数据""非结构化数据中含有隐藏的信息，只有掌握这些才算进行大数据分析"，目前盲目相信这种观点的人少了很多，尤其是对社交数据也不再过分期待，这是值得庆幸的现象。

从2015年开始，人们越来越倾向于利用传感器数据进行大数据分析。扩大传感器数据的范围，将其称作机器（Machine）数据的情况也在增多。多数人会将机器数据归类为非结构化数据，但实际上这种类型的数据多以容易处理的单纯数字呈现，所以一部分人也将其看作结构化数据。

在大数据分析初期，因缺乏内部数据而试图收集社交数据等外部数据用于分析的情况较多。机器数据能帮助分析人员利用传感器在系统内部制作数据、准确地传达信息，进行实时分析并提供问题解决方案，具有非常高的应用价值。

我们看看以下传感器数据的应用案例。实际上，这些应用也可以看作是物联网（Internet of Things，IoT）和大数据的结合。货物装进冷冻车厢后，从供货公司（生产工厂）运输到销售公司。在货物运输和保管过程中，冷冻车厢的温度管理非常重要。我们可以安装非常经济实用的温度测量传感器，然后收集传感器数据，并安装网关（Gateway）设备，以此形成冷冻车厢温度管理系统（见图3-4）。网关设备（见图3-5）可以使用开放源码低价制作。

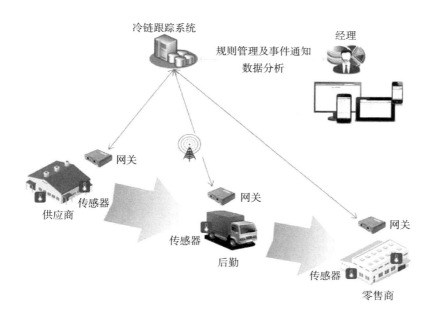

图3-4　使用传感器数据的冷冻车厢温度管理系统

图 3-5　收集和传输传感器数据的网关

　　对于传感器产生的数据，既可以直接收集用于分析，也可以应用云服务存储。图 3-6 是名为"Daliworks 的 Thing+"的传感器数据监控画面。

图 3-6　传感器数据监控（Thing+看板）

　　利用传感器数据不仅可以轻松地获取我们想要的数据，还可以实时监控和解决问题。如果利用算法分析积累的数据，管理系统还可以应对非正常模式。如图 3-7 所示的是冷冻车厢的温度，温度管理系统通过机器学习算法可以学习冷冻车厢温度正常模式。由图可知，实际上冷冻车厢并非时常保持零下的温度，而是通过周期性的解冻操作节约耗电量。冷冻车厢温度管理系统学习冷冻车厢温度正常模式后，如果冷冻车厢温度出现非正常模式（见图3-8），其就会感知并发出警告。

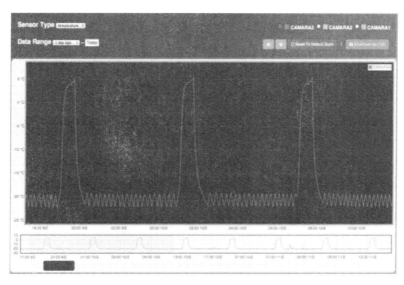

图3-7 冷冻车厢温度的正常模式

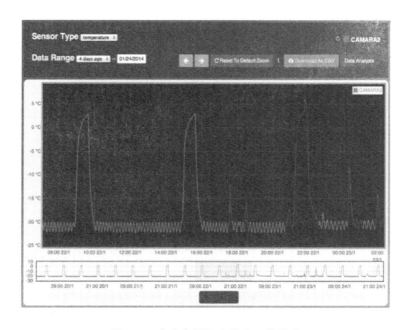

图3-8 冷冻车厢温度的非正常模式

在数据的角度上需要格外留意的发展趋势是收费与开放，它们具有相反的性质。最有代表性的商业化数据是推特数据。推特在大数据分析初期开放数据，但是会通过限制数据量、强化认证等方式加以限制，导致社交分析公司如果不单独签订数据购买合同，就不能获取数据。2013 年以来这种限制政策越来越多，导致很多社交分析公司被迫关门。虽然部分企业通过开设多个任意账号（IP）收集数据，或者通过收集网络上流传的推特数据的方式继续进行社交分析，但是存在数据充分性与质量方面的问题。

此外，在公共领域也出现了商业化数据。每个国家的情况都不一样，有的国家会公开基础性的气象数据，但是对气象预报数据则采取收费的形式加以限制。这是因为全面开放数据，会对相关行业和领域的公司产生影响。为了保护和支持与气象有关的公司，有些国家还规定只有通过气象领域的公司才能获取气象预报数据。

目前，全世界都在国家层面上促进公共数据开放，这方面的内容会在本章第六节"公共数据开放趋势"中详细说明。

第四节　从算法观点看大数据分析的趋势

2015 年和 2016 年是数据分析逐渐从手段变成目的的重要转换期，像奈飞（Netflix）一样将通过大数据分析向客户推荐服务作为自己公司的一项业务的公司越来越多。

2015 年 11 月 10 日，谷歌（Google）在"The Magic in the Machine"活动中，将谷歌的机器学习核心软件 TensorFlow 作为开放源码全面开放。对此，一些媒体评价："谷歌在使 TensorFlow 成为人工智能领域的安卓的道路上，迈出了第一步。"

虽然机器学习算法得到了比社交分析更多的关注，但是目前还不会对大数据分析产生太大的影响。不过从长远看，这将是一种发展趋势。如果从大的框架上整理，2015 年被关注的是"平台+数据"，2016 年是算法，那么经过调整期以后，将出现"平台+数据+算法"均衡发展的局面（也应该如此）。

因为机器学习算法以大数据为前提，所以其与已有的算法不同。机器学习通过学习数据形成固定的模式，除了专家（人）对学习内容的设计能力以外，训练数据的量也能决定其准确率。例如，谷歌为了在图片中识别"猫"，利用数百万台的计算机，以大量的数据为基础学习了好几年。

第五节 从应用观点看大数据分析的趋势

我们先将大数据分析的应用分为"分析大数据以后怎样表现"和"通过大数据分析做哪些业务"。

目前,可视化(Visualization)仍然是"表现大数据"的唯一手段。使用普通图表掌握的大数据的直观内容比较有限,因此在找到大数据隐藏的信息、使普通人也能看到大数据较多的内容等方面,与普通图表不同的可视化图表更能得到人们的关注。

数据分析软件与报告相比,更强调了看板和可视化功能。目前,在公共数据开放领域,以可视化形式传达信息的方式也越来越多。

图3-9是英国政府使用名为树形图(Tree Map)的可视化图表表示的预算信息。

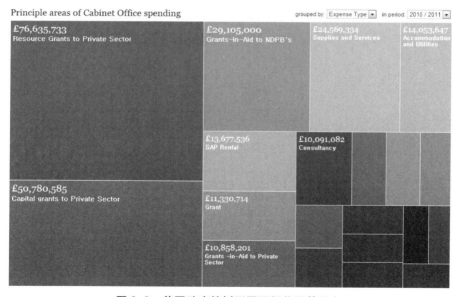

图3-9 英国政府的树形图可视化预算信息

这种可视化图表大部分被开发成开放源码,并向全世界传播。可视化图表有数百种画面,而且每天都会增加新的画面,甚至还向非结构化数据、3D领域扩展。

从商业应用的角度来看,将统计应用在决策领域的案例非常多,近期还出现创造出新业务的案例。2015年,经营中国视频平台优酷土豆的合一集团高级副总裁朱辉龙表示，"会利用过去十年积累的大数据，做出反映不同年龄段观众喜欢的类型和场景的电影"。奈飞已经用这种方式制作了电视剧，并于2013年发布，这个电视剧就是在美国和中国都具有超高人气的《纸牌屋》（*House of Cards*）。合一集团应该是参考了这个成功案例，并在权衡内部实力以后才做出以上决定：优酷土豆的月均活跃用户数达到5亿人，旗下还有影视制作公司——合一影业。[①]

此外，还有更超前的想法。马云曾表示，"2030年世界将再次掀起对市场经济（Market Economy）和计划经济（Planned Economy）的大论争"，"2030年计划经济将成为更优越的系统"。他根据可收集和分析实时生成的海量大数据的数据技术提出了新的计划经济概念，其前提是可以清楚地"看见"市场，能够有计划地进行生产和分配。[②]

第六节　公共数据开放趋势

公共数据是指政府或公共机构制作、拥有、管理的行政、经济、人口、医疗、气象、交通、福利等所有数据，其中含有"公众是数据的主人，向数据的主人提供福利"的思想。

公共数据开放是全世界的趋势，根据 DATA. GOV 网站的统计，截至2015年已公开数据的国家有43个，美国的39个州也运营着公共数据开放网站。

2005年威廉·D. 艾格斯（William D. Eggers）将 Web 2.0 扩展成 Government 2.0（政府2.0）。他公开了民用领域可以应用的所有公共信息，并从提高政府行政的公益性、效率性、透明性的角度介绍了政府2.0。

韩国提出了政府3.0。政府2.0以文档为中心，手动提供临时信息，而政府3.0则以数据为中心，持续、预先、积极地提供信息。例如，公众可以通过地铁导航、公交到站实时查询等 App 节省很多时间。这些 App 由一些小软件公司利用地铁公司、韩国首尔特别市公开的数据制作。通过开放公共数据，企业创造了经济价值，公众得到了便利。2013年，韩国还制定了《关于提供和使用公共数

---

① 这是融合了线上和线下的商业模式，称作 O2O，引起了各界相当大的关注。

② 虽然不清楚这种说法是否正确，但是能有这样的想法就已经可以称作大数据分析专家、先行者了。当专家们还在争论这些想法的对错时，马云就已对阿里巴巴的所有业务进行了数据化，并将所有数据的业务化作为目标，实践了大数据化。

据的法律实施令》，促使所有公共机构开放公共数据。但是因为政府只关心开放公共数据的业绩，并不关注数据开放的形态、使用便利性及可用性，所以很多人提出意见，表示很难找到有价值和可用的数据（很多数据不是便于人们使用的开放应用程序编程接口形态，而是文档形态）。根据开放数据晴雨表（Open Data Barometer，ODB）①的数据，与 2013 年相比，韩国在 2015 年的国家数据开放排名反而下降了（从第 12 位降到第 17 位，见表3-2）。②

表 3-2　部分国家数据开放排名（开放数据晴雨表）

国家	2015年晴雨表排名	ODB得分	准备得分	执行得分	影响得分	2013年ODB得分	ODB得分变化	2013年晴雨表排名变化	总排名变化
英国	1	100	98	100	100	100	0	1	0
美国	2	92.66	96	88	100	93.38	-0.72	2	0
瑞典	3	83.7	100	76	88	85.75	-2.05	3	0
法国	4	80.21	81	75	84	63.92	16.29	10	6
新西兰	4	80.01	81	88	55	74.34	5.67	4	0
荷兰	6	75.79	95	76	57	63.66	12.13	10	4
加拿大	7	74.52	90	75	58	65.87	8.65	8	1
挪威	7	74.59	88	73	64	71.86	2.73	5	-2
丹麦	9	70.13	94	54	95	71.78	-1.65	5	-4
澳大利亚	10	68.33	92	69	43	67.68	0.65	7	-3
德国	10	67.63	85	67	53	65.01	2.62	9	-1
芬兰	12	66.49	93	54	78	49.44	17.05	14	2
西班牙	13	59.89	78	60	42	48.19	11.7	17	4
爱沙尼亚	13	60.18	84	51	64	49.45	10.73	14	1
奥地利	15	58.52	83	42	84	46.03	12.49	18	3
智利	15	58.7	69	73	8	40.11	18.59	25	10
捷克	17	58.07	64	61	46	43.18	14.89	22	5
韩国	17	57.65	79	54	48	54.21	3.44	12	-5
日本	19	53.58	81	53	30	49.17	4.41	14	-5
以色列	20	52.97	70	51	43	45.58	7.39	18	-2
巴西	21	52.13	66	63	9	36.83	15.3	28	7
瑞士	22	51.33	81	38	63	43.24	8.09	22	0
意大利	22	50.58	55	54	36	45.3	5.28	20	-2
墨西哥	24	50.09	67	54	24	40.3	9.79	25	1
乌拉圭	25	49.37	66	51	29	33.04	16.33	34	9
俄罗斯	26	48.25	54	48	45	44.79	3.46	20	-6
比利时	27	47.29	86	30	60	34.8	12.49	31	4

① 由万维网（WWW）之父蒂姆·伯纳斯·李（Tim Berners-Lee）创办的非营利机构万维网基金会（World Wide Web Foundation，WWWF）每年发布。
② 在 OECD 发布的相关排名中，韩国是第一位，但是笔者更信赖开放数据晴雨表。

第四章　可表现数据含义的大数据分析

本章会正式介绍大数据的分析方法。第四章到第六章的内容并非面向初学者，因此，第一次接触这些内容的人可能难以理解。我们先介绍一下各种数据分析方法怎样使用、用在哪里、为什么这么使用。

第一节　数据分析方法的类型

数据分析有可视化、挖掘、最优化等多种方法，现在对这些方法进行如下分类。

首先，联机分析处理、报告、可视化都可以看作是表现数据内容和含义的分析方法，这些内容将在本章进行说明。其次，统计、挖掘、机器学习不仅是分析和表现数据本身的方法，更是寻找数据隐藏内容的二次分析方法，这些内容将在第五章进行说明。最后，最优化、预测、模拟是助力企业直接做出决策的分析方法，将在第六章进行说明。

数据分析会因不同的目的得出不同的结果，尤其是使用不同的模型、算法，可能会得出截然不同的结果。但是联机分析处理、报告、可视化与统计、挖掘不同，在数据分析中几乎不使用模型或算法等用语。这些数据分析工具较易操作，分析相对简单，而且结果也比较客观。

第二节　联机分析处理和报告

联机分析处理（On-Line Analytical Processing，OLAP）具有看报告的用户直接、立即进行分析和处理的含义。报告（Reporting）不仅指报告本身，还包含制作报告的操作。但即便如此，因为联机分析处理能够进行多种分析，所以报告相对于联机分析处理看起来可能是静态的。

一、度量值和维度

A：销售额是多少？

B：销售额是 100 亿韩元。

A：不，我只需要 2015 年的销售额。

B：2015 年的销售额是 10 亿韩元。

A：每个季度的销售额是多少？

B：第一季度是 2 亿韩元，第二季度是 4 亿韩元，第三季度是 3 亿韩元，第四季度是 1 亿韩元。

针对以上例子如果有人提问"怎样分析和分析什么"，请回答"按照各地区分析销售额"或者"按照月份分析销售额"。

相当于"什么"的销售额称作度量值（Measure）。度量值是分析对象，经常用数字表示。相当于"怎样"的各季度、各地区、各月份等"各~"是看待分析对象的"观点"，称作维度（Dimension）。构成维度的部分称作成员（Member），在季度的维度上，其成员有四个，即第一季度、第二季度、第三季度、第四季度。度量值与维度是数据分析中最常用、最基本的专业术语。

二、联机分析处理的分析功能

因为目前学界未明确定义联机分析处理的分析功能，所以这里将按照大部分联机分析处理工具具有的功能进行介绍。

就像按照各季度、各分店分析商品销售额一样，从多个维度进行的分析称作多维分析。而不确定维度，只根据自己的需要进行的分析称作多维非结构化分析。可进行多维非结构化分析的数据透视表具体如图 4-1 所示。

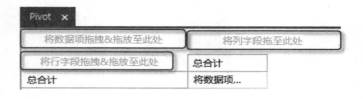

图 4-1 可进行多维非结构化分析的数据透视表

为了分析销售量，我们先将销售量的度量值项目拖到如图 4-1 所示的数据透视表的数据项区域，得到如图 4-2 所示的操作界面。

图 4-2 销售量分析

为了按照手套、背心、袜子等中分类产品对销售量进行分类，将相应的维度拖到数据透视表中的行字段区域，得到如图 4-3 所示的操作界面。

我们再看看按照销售组进行销售的情况，将相应的销售组拖到数据透视表中的列字段区域，得到如图 4-4 所示的操作界面。

联机分析处理不仅考虑销售量和销售额，还对销售量和销售额的排名、增减率等变化进行分析。而且可视化的比重在联机分析处理中变得越来越大，有时为了更加直观地掌握数据含义，还会利用颜色或图标进行分析（见图 4-5）。为了仔细观察或对提示符合特定条件的数据值进行分析，称作预警（Alert）分析（高亮显示）。

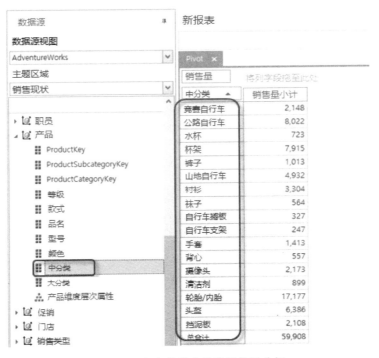

图 4-3　各中分类产品的销售量分析

图 4-4　按照各中分类产品、各销售组进行的销售量分析

02月		03月	
销售额	增减率	销售额	增减率
291,699 ↓	-11.44%	336,830 →	15.47%
904,572 ↓	-10.20%	985,928 →	8.99%
3,057 ↓	-5.76%	3,684 →	20.50%
4,578 ↓	-10.75%	4,877 ↓	6.54%
3,472 ↓	-38.92%	5,039 ↓	45.16%
660,181 ↓	-13.51%	717,628 →	8.70%
12,742 ↓	-19.34%	13,462 ↓	5.65%
387 ↓	2.38%	450 →	16.28%
1,584 ↓	-47.62%	3,552 ↑	124.24%
3,275 →	58.46%	2,417 ↓	-26.21%
2,669 ↓	-8.40%	2,669 ↓	0.00%
3,213 ↓	17.13%	2,642 ↓	-17.79%
1,600 ↓	-8.72%	1,654 ↓	3.37%
517 ↓	-26.14%	549 ↓	6.15%
17,466 ↓	-14.58%	18,935 →	8.41%
15,067 ↓	-16.84%	17,397 →	15.47%
3,605 ↓	-11.35%	3,605 ↓	0.00%
1,929,683	-11.73%	2,121,318	9.93%

图 4-5　应用图标的增减率分析

　　钻取（Drill）分析运用了维度层次，"年度>半年>季度>月>日"是典型的维度层次，分为向上钻取（Drill-up）和向下钻取（Drill-down）。将不同的维度定位到相同的方向（行或列）时，可以进行跨越维度的钻取分析。如果维度水平下降到针对细节的程度，则可以进行细节钻取分析。进行钻取分析时，如果通过查询，直接从数据库得到结果，那么每一个步骤都会花费相当多的时间。但是只要按下联机分析处理键，就可以马上得到结果。

　　过滤（Filtering）分析在这一案例中是指只选择 2015 年的销售额进行分析。在整体的分析画面上进行过滤的操作称作共同过滤或切片（Slicing），即只对选择的维度成员进行分析。在明确维度的状态下，去除部分维度成员后进行的分析称作维度过滤，给度量值附加条件，然后只对部分度量值进行的分析称作度量值过滤。

　　分析各部门的销售业绩时，假设营业一部只能看到该部门的业绩，营业二部也只能看到该部门的业绩，营业部总经理能看到营业一部和营业二部所有的业绩，而各个营业部门的经理不能看到营业部总经理所看到的信息，那么就应该按照职位权限先对数据进行过滤，之后再查询。商用联机分析处理产品已经非常详细地设置了数据项的权限，使用起来很方便。联机分析处理产品不仅能帮助数据分析人员迅速而轻松地查询数据，还能进行数据安全管理。

多重合计分析是以设置的字段（Field）为基准表现多种合计类型，对分析数据得出的值进行行或列合计计算的分析（见图4-6）。

销售量		将列字段拖至此处
中分类 ▲	月 ▲	销售量小计
◢ 竞赛自行车	01月	203
	02月	379
	03月	575
	04月	788
	05月	1,039
	06月	1,291
	07月	1,460
	08月	1,547
	09月	1,654
	10月	1,787
	11月	1,918
	12月	2,148
竞赛自行车 Average		179
竞赛自行车 Count		12
竞赛自行车 Max		252
竞赛自行车 Min		87
竞赛自行车 StdDev		55
竞赛自行车 StdDevp		53
竞赛自行车 Sum		2,148
竞赛自行车 Var		3,028

图4-6 多重合计分析

如果使用排序功能，可以非常轻松地选择顺序（降序、升序）并进行分析。不管哪种分析程序，通常都以字母（A、B、C）顺序排列，有时也会按照特定顺序排列。在此案例中，如果是以地区分析商品的销售额，韩国首尔应该位于首位，这时数据集市中有提前调整好的信息，联机分析处理产品会对这个信息进行匹配和排序。高低值分析是按照升序及降序排列度量值并指定高值的分析。与排序分析不同，该分析方法还具有指定前30%、后10个等范围的度量值的功能。

子数据集合分析以特定的数据集为总体参数并将其用于分析。分析销售额时，指定特定客户群（例如，参与 5 月积分兑换活动的客户）后，就可以轻松地对 4 月的销售额和执行 5 月积分兑换活动以后的 6 月的销售额进行比较。

保存通过联机分析处理制作的报告，在查询数据时就可以生成我们通常所说的报告（Reporting）。联机分析处理作为一种分析工具，最终能成为帮助分析师找到数据含义的手段，还是只能成为查询相关数据分析内容的报告，则取决于分析师的能力。

第三节　看板

通过看板（Dashboard），可以在一个画面里集中看到多种信息（见图 4-7）。如果说多维非结构化分析以分析为重点，那么看板则以查询综合信息为重点。用户可以在看板上自由地配置各种图表、网格、数据仪表盘等，还能分析相互关联的内容。

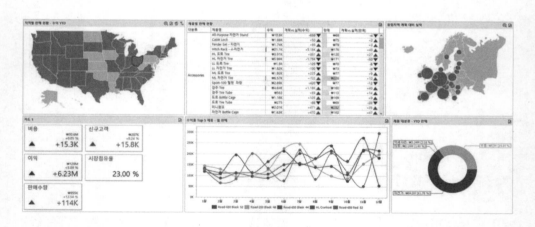

图 4-7　看板画面

看板上的图、表等各个部分拥有不同的数据源。例如，图 4-7 中地图的数据源是 MySQL（关系型数据库管理系统），折线图的数据源是 MS-SQL，而圆形图则通过上传 Excel 数据来表示。看板上，除了普通的表以外，还有数据透视表（Pivot Table），因此其还具有多维非结构化数据分析功能。目前，在商用联机分析处理工具中，缩减原有的多维非结构化数据分析功能，提供利用看板整合数据的功能的产品正在逐渐增加。

看板分析

看板除了综合查看数据的功能，还具有分析数据的功能。就像在联机分析处理中使用过滤器一样，使用适用于整体看板画面的共同过滤器，或者看板构成要素中的一个是带有目录的表（又称主过滤器），如果选择一部分目录，就能看到与此对应的图表或相关信息。此外，还可以选择一部分图表进行部分过滤分析。

将这样的分析进行泛化称作跟踪分析（Tracking Analysis）或故事分析（Story Analysis）。假设看板由显示人口密度的地图和显示每月销售额的条形图、显示客户目录的表组成。当选择地图上人口密度最高的特定区域时，条形图只显示该地区每月销售额的变化趋势，客户目录只显示居住在该地区的人。如果从显示每月销售额的条形图中选择 5 月，那么只显示在该地区居住并在 5 月购买产品的客户目录。我们可以通过这样的操作持续追踪相关的内容进行分析，并随着"故事"的展开持续进行分析。

进行分析时，看板要提供追踪数据分析功能，并且数据之间应该有联系。

第四节 可视化

分析数据的细节部分有多种方法，有时使用联机分析处理工具进行多维非结构化分析，有时也使用看板先对多种图表进行组合及连接，然后再分析。以探索（Discovery）为中心表现数据的分析，称作微观（Micro）可视化。而以直观表现（Presentation）数据为中心的分析，称作宏观（Macro）可视化。为了直接表现数据的整体含义，宏观可视化会使用适合的图形（图表）。

图 4-8 展示的可视化图表是名为 D3 的可视化图表。D3 是目前使用较多的开放源码可视化图表，商用看板也逐渐呈现出使用 D3 图表的趋势。

可视化的基本类型有 20～30 种，全世界众多的开发人员能根据可视化的基本类型做出多种可视化图表。表 4-1 是可视化的几个应用案例。

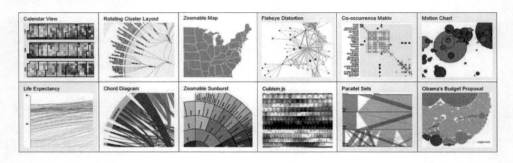

图 4-8　多种可视化图形

表 4-1　可视化应用举例

可视化应用	可视化图形
为了较容易地比较预算规模，并一次性掌握其构成，以"分区布局"（Partition Layout）方式表现各科目的年度收入预算数据	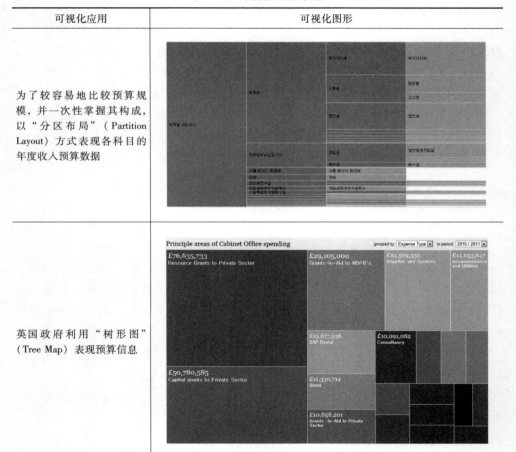
英国政府利用"树形图"（Tree Map）表现预算信息	

续表

可视化应用	可视化图形
在《纽约时报》(*The New York Times*)中，通过动态可视化表现预算变化	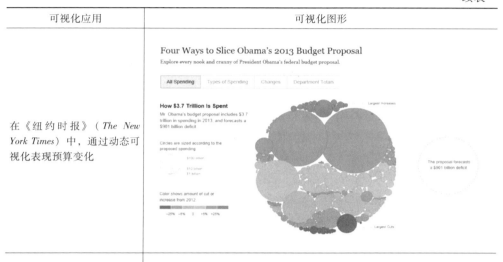
通过"日历视图"(Calendar View)对订单数据分析结果进行确认。从1月1日到12月31日的365日的订单数据，用独立的单元格表示。第一行是星期日，最后一行是星期六，并用颜色和深浅来表示订单频率	
为了掌握各年龄段需要治疗的疾病，以"热图"(Heatmap)表现反映各年龄段多发病状况的数据	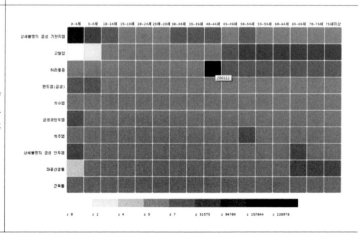

续表

可视化应用	可视化图形
根据"差异图"（Difference Chart），发现某个季节两个地区间出现某种物质的富余/缺乏现象时，两个地区共同协作，解决物质缺乏问题的状况	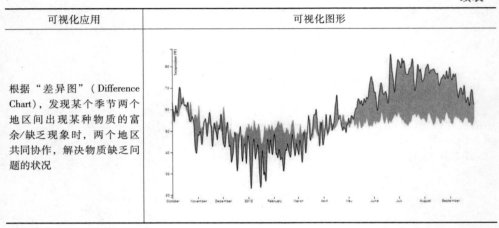

进行可视化分析时，需要思考如何表现数据，并找到适合的可视化图形。如果数据分析人员有编程能力，可以应用基本的 D3 图表直接制作出可视化图形。D3 的一个缺点是需要直接在源代码内输入数据的形态（见图 4-9）。

```
rules.append("svg:text")
    .attr("x", x)
    .attr("y", h - p + 3)
    .attr("dy", ".71em")
    .attr("text-anchor", "middle")
    .text(x.tickFormat(10));

rules.append("svg:text")
    .attr("y", y)
    .attr("x", p - 3)
    .attr("dy", ".35em")
    .attr("text-anchor", "end")
    .text(y.tickFormat(10));

vis.selectAll("path")
    .data([0, 0.2, 0.4, 0.6, 0.8, 1])
    .enter().append("svg:path")
    .attr("d", function(d) { return line.tension(d)(data); })
    .style("stroke", d3.interpolateRgb("brown", "steelblue"));
```

图 4-9　D3 代码

目前，商用数据分析产品的发展趋势是允许企业将 D3 表现在自己的看板上，这时需要通过查询的方式进行数据连接（而不是输入数据的方式），使其自动变化。

D3 的另一个局限性是适用于符合最新标准的技术，只能在支持 HTML5 语言的浏览器上运作，在低版本的 IE（Internet Explorer）浏览器上会受到限制。

第五章 可预测和掌握数据含义的大数据分析

在可直接看到数据的角度上，第四章提到的联机分析处理、可视化可能是最好的数据分析工具，但是分析师看到数据所表现的事实后，需要确定问题整体的内容。如果数据表现的内容只是事实的一部分，那么应该如何推测整体？除了数据本身以外，如果我们还想知道数据隐藏的含义，应该怎么做？

第一节 统计

我们先从发展时间长、理论非常成熟的统计开始学起。如果不是研究人员而是普通的数据分析师，那么只学习回归分析（Regression Analysis）和时间序列分析（Time Series）就可以。但是为了让大家尽量多地了解数据分析的基本思想，本节将介绍统计的整体内容。

一、统计的开始、实验与估计

相关研究人员开发了新款小型干电池，预计该干电池的最长续航时间比现有干电池的最长续航时间 30 小时还长。为了解实际情况，现在选择几个新型干电池进行检测：

（1）新款干电池实际的最长续航时间是几小时？

（2）如果不能确定新款干电池实际的最长续航时间，那么其最长的续航时间范围是多少？

（3）总之，新款干电池的最长续航时间是否超过 30 小时？

想要确认新款干电池实际的最长续航时间，就要测量所有新款干电池的最长续航时间。但是在实际操作中不可能测量所有产品，因此只能选择一部分进行测量。从整体（总体）中选择一部分（样本）进行测量称作实验。统计以实验为前提。换句话说，如果能够测量整体或者被测量样本的数量超过测量整体一半以上（数量多到已经不能称作一部分）时，就没有必要进行统计分析。确切地说，这样的情况属于没必要使用统计方法进行不太确定的估计的情况。

我们先来回答第一个问题。选择 10 个新款干电池，并测量了最长续航时间，以小时计，具体如下：

30，32，28，34，34，30，32，32，29，30

新款干电池实际的最长续航时间是多久？因为不知道新款干电池实际的最长续航时间，所以我们选择一部分样本，将 10 个新款干电池的最长续航时间的平均值 31.1 小时作为最长续航时间（估计值）。大家认可这个结果吗？实际上，统计分析也是这么做的。对样本分析结果进行平均可得估计量，平均值 31.1 小时则称作估计数或估计值。但是，有时作为非平均值的中间值或最后的度量值可能会是更好的估计量。

观察样本时，可以看到有的样本值与现有干电池的最长续航时间 30 小时相同，但是也有 28 小时、29 小时的情况，你能确信样本均值 31.1 小时是对的吗？

二、区间估计

再看第二个问题，如果不能确定新款干电池实际的最长续航时间，那么其最长的续航时间范围是多少？与第一个问题有关的估计称作点估计，而第二个问题对范围进行求解称作区间估计，即能以"28.5~33.5 的区间"这种方式表达的方法。点估计不够明确，区间估计也并不明确，我们无法求出 100% 正确的区间，但是可以在确定出错的可能性（概率）后求出区间。假如出错的概率是 5%，即某区间包含正确的（实际上不知道，但是假设有）平均最长续航时间的概率为 95%，区间值是 00.0~00.0。95% 置信区间（Confidence Interval）、99% 置信区间是指相应区间包含实际平均值的概率，而不是测量的平均值正确的概率。

现在我们求解区间值。以样本均值为中心，对方差（数据扩散的程度）进行一定程度的加减后，会不会出现区间的最小值和最大值？为了求出方差，需要知道数据的分布情况。那么，新款干电池最长续航时间的分布形态会是图 5-1 中的哪一个？

如果要求出区间值，则需要了解两种分布。第一种是全部新款干电池的最长

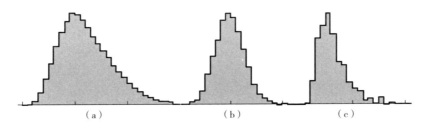

图 5-1　新款干电池最长续航时间分布的形态

续航时间的分布（称作总体分布），第二种是我们测量的部分新款干电池的最长续航时间的分布（称作样本分布）。如果不是确定新款干电池最长续航时间的问题，而是生产球的工厂要确定球的大小是否在一定范围内的问题（球需要达到特定的大小，太大或太小都不可以），就不需要估计样本平均值，而需要估计样本方差，这时需要了解样本方差的分布形态（当然这个分布与样本均值的分布不同）。也就是说，问题的类型不同，需要了解的分布对象会不同。

　　首先，总体分布会是怎样的形态？在大部分情况下，我们可能无法得知。但是在理想的情况下，在平均值处是否会集中最多的数据，并以此为中心，对称而均匀地分散开来？许多统计学家都认可这种情况，那么我们也按照这个进行分析。这种分布形态称作正态分布（Normal Distribution），具体如图 5-2 所示。

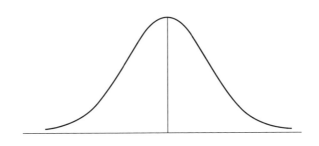

图 5-2　正态分布的形态

　　其次，样本均值（或者样本方差）分布会因情况而异。统计学家已经整理了各种情况下的样本均值分布形态[①]，具体如表 5-1 所示。

　　① 不论总体分布如何，如果样本变大，样本均值肯定是正态分布，这个称作中心极限定理（Central Limit Theorem）。前文选择了 10 个新款干电池作为样品，但是在中心极限定理的背景下，为了顺利地进行统计，则需要测量很多样本。如果不这么做，就不能应用统计学家们整理的与各种情况对应的公式（也有相应的统计工具）。

表 5-1　样本均值（样本方差）的分布情况

总体呈正态分布的情况	均值的区间估计（一个分组）	知道总体方差	正态分布（Z 分布）	问题类型 1
		不知道总体方差	t 分布	问题类型 2
	均值的区间估计（两个分组，差异）	知道总体方差	正态分布（Z 分布）	问题类型 3
		不知道总体方差	t 分布（等方差）	问题类型 4
	方差的区间估计（一个分组）	知道总体均值	卡方分布	问题类型 5
		不知道总体均值	卡方分布	问题类型 6
	方差的区间估计（两个分组，比率）	知道总体均值	正态分布（二项分布的正态近似）	问题类型 7
		不知道总体均值	F 分布	问题类型 8
总体不是正态分布的情况				问题类型 9

现在剩下最重要的阶段，即掌握问题都存在哪些类型。问题类型 1 和问题类型 2 是估计新款干电池平均最长续航时间区间的问题。一般情况下，像问题类型 2 一样不知道总体方差的情况较多，但是问题类型 1 本身也有意义。前文介绍统计并提出问题时，曾说过现有干电池的平均最长续航时间是 30 小时。也就是说，现有干电池最长续航时间的总体均值是已知的，并且我们对总体方差也有充分的了解。严格来说，通过多种研究方法得到的均值与方差已被默认为总体均值、总体方差。

更进一步地说，如果认定各种干电池产品最长续航时间的均值可能会不同，但是方差几乎没有差异，那么求新款干电池实际的最长续航时间范围就属于可直接使用现有产品的总体方差的情况，问题转化为知道总体方差的类型。问题类型 1 是知道总体方差的，所以其对应的分布形态（正态分布）与问题类型 2 的分布形态相比，信息集中在中心，而以此为根据求出的新款干电池最长续航时间区间比问题类型 2 求出的区间小。我们通过图 5-3 可观察一下两种分布形态的差异（问题类型 1 的正态分布，更准确地说，是均值为 0、方差为 1 的正态分布，称作 Z 分布）。有关分布的详细内容将在本章下一节进行介绍。

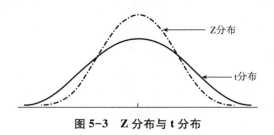

图 5-3　Z 分布与 t 分布

问题类型 3 和问题类型 4 是比较两个分组之间的均值差异的问题。例如，比较 A 干电池和 B 干电池的平均最长续航时间差异。

　　问题类型 5 和问题类型 6 是方差的区间估计，用于测量如足球大小一贯性或铁板厚度一致性的问题。

　　问题类型 7 和问题类型 8 对两个分组的方差区间进行估计，是通过比较 A 机器生产的足球（或铁板）和 B 机器生产的足球（或铁板）的方差，知道哪个机器更精密的问题。但是两个分组方差的比较，不是以差异为对象，而是以比率（A 机器的方差/B 机器的方差）为对象（比率大于 1 则表明 A 机器的方差较大，因此可以判断 B 机器更精密）。另外，可以将问题类型 7 看作在一个分组中对比率进行区间估计的问题。该问题相当于生产特殊螺丝的机器次品率为 5%，在对引进的新机器生产的任意 1000 个螺丝进行调查发现了 43 个次品时，估计次品率区间的问题。比较三个以上分组的均值，应该怎么解决？这时需要应用方差分析（ANOVA）方法，该方法将在后面单独进行介绍。

　　问题类型 9 是总体不是正态分布的情况，这时有几种解决方案：

　　第一个方案是直接假设总体为正态分布。即使是其他分布，其计算结果（区间估计值）与假设为正态分布时得到的结果相似的情况也较多。

　　第二个方案是使用拟合优度检验（Goodness of Fit Test）等方法确定变量为特定分布后进行统计。但我们不是统计理论专家，既不能通过数学方式进行区间估计，也很难找到研究此类问题的论文。

　　第三个方案是使用未假设分布形态的、难度较高的统计方法。之前的统计方法使用的是最能说明分布形态的变量——均值与方差，该统计方法不使用像均值、方差一样的总体参数，而使用非总体参数方法[①]。与该部分内容相关的理论也很难理解，因此我们只了解统计学家们整理好的各种解决方法就可以。

三、用于区间估计的分布与分布的定义

　　大部分人都认为这一部分的内容很难理解，所以这里只做了简单叙述。以下内容以学过概率、统计知识的读者作为对象，但这里只会叙述概念和方法，读者若想了解其他的内容可阅读其他统计书籍。

　　问题类型 1，总体是正态分布，对一个分组进行均值区间估计时，如果知道

---

　　① 因为是大数据分析，所以在大部分情况下假定总体为正态分布是可以的。但为了应对特殊情况，笔者还是会介绍非参数方法，该内容将在《大数据分析的案例研究与实务》中，与工具命令一起做简单介绍。

总体方差，样本均值的分布怎样才能呈正态分布（Z分布）？样本均值的期望值（样本均值的均值）是总体均值。在新款干电池最长的续航时间的问题中，计算得到的样本均值是31.1小时，但是如果进行多次实验，即计算多次，样本均值就会成为总体均值。样本均值的方差会根据样本的数量（而不是因为总体方差）产生变化。之后，利用正态分布的特点也能推导出样本均值的方差呈正态分布。在这里我们再应用技巧和定理进行分析。技巧就是更换变量。样本均值的分布根据总体均值与总体方差，呈现多种正态分布。为了消除正态分布形态差异，即进行统一，在样本均值中减去均值（总体均值），并除以样本均值的标准偏差（总体方差除以样本数得出的值的根）。通过这样的方式得出的变量，我们称作Z，并用这个名称代替样本均值。根据中心极限定理，如果样本数变大，Z则呈现均值为0、方差为1的正态分布。这种标准化的正态分布，即均值为0、方差为1的正态分布称作Z分布。

问题类型2，总体呈正态分布，对一个分组进行均值区间估计，并且不知道总体方差时，样本均值分布怎样才能呈现t分布？将问题类型1中定义的Z的形态，改为不知道总体方差的情况，依据统计书籍里对t分布的定义，可知这一形态就是t分布。

其他问题类型的样本均值或样本方差的分布也可以用相同的方式导出。估计方差的问题类型是卡方分布（Chi-square Distribution）形态（知道总体均值时，自由度是n，如果不知道，则是n-1）。这部分内容也可以通过其他统计书籍了解。

两个分组的方差估计通过比较两个分组的方差得出结论，即A/B形态，而且各自为卡方分布形态，而具有分子、分母形态的卡方分布是F分布。

通过观察可以发现，定义分布的过程与统计量分布的导出过程是相同的。大部分统计书籍会先介绍概率和分布，估计统计量时使用之前介绍过的分布。统计学家们在实际操作中是否也先从理论上导出t分布、F分布，然后再解决问题？还是为了解决问题，在导出统计所需分布的过程中就已对分布进行定义？我们无从得知。

四、统计学假设检验

最后看第三个问题：总之，新款干电池的最长续航时间是否超过30小时？

这样的主张称作假设。检查假设是否正确称作假设检验，利用抽样实验对假设进行检验的操作称作统计学假设检验（Statistical Hypothesis Testing）。

在某些情况下，逻辑说明或数学证明比统计方法更准确。如果哪种方法能简单有效地证明问题，就使用哪种方法。

统计学假设检验通常会设定两个假设，即零假设（Null Hypothesis）和对立假设（Alternative Hypothesis），其中较重要的是对立假设。英文单词"Alternative"除了有"对立"的意思，更具有"备择"的意思。也就是说，我要主张的事项，即与现有的事项不同的备择事项称作备择假设（下文都称作备择假设）。这个问题中的备择假设是"新款干电池的最长续航时间超过30小时（目前干电池最长的续航时间）"。另外，英文单词"Null"是无价值的意思，对此笔者再夸大一些，按照"以我主张的方案，使现有的陈旧假设变得没有价值（回归到没有价值的'无'的状态）"的方式思考一下，那么这个问题中的零假设是"新款干电池的最长续航时间是30小时"（目前干电池的最长续航时间）。我们再进一步思考，"新款干电池的最长续航时间小于或等于30小时（目前干电池的最长续航时间）"可以被看作零假设吗？前面说过备择假设是重要的，备择假设是否被采用同样重要，而零假设是以上说明的两个形态中的哪一个并不重要，选择哪一个都没有关系。

目前已经有了假设，那么用什么判断备择假设是正确的？那就是称作P值（P-value）的概率。P值是当零假设成立时，实验结果反对这种情况的程度。我们可参照图5-4进行理解，如果零假设成立，那么新款干电池的最长续航时间就是30小时，我们画一个以30为均值的分布图（见图5-4）。实验结果是31.1小时，在分布图中，大于31.1的区域是否定零假设的部分，该区域的大小就是P值。

如果实验结果是32会怎样？这个数值与30的距离更远，因此否定零假设的程度更大。需要注意的是，否定的程度越大，相应的分布区域就越小，所以P值也变低。

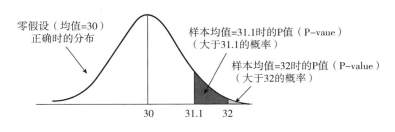

图5-4　P值

那么，P 值要低到什么程度备择假设才能被采用，而零假设被拒绝?[①] 这里并没有正确答案。我们只是按照惯例，将 0.05、0.01 作为基准点。还记得在区间估计中介绍过的结果出错的概率吗？当置信水平为 95% 时，结果出错的概率为5%，即 0.05。

到现在为止已经说明了第三个问题的解决方法。那么在实际中，怎样才能简单方便地操作？只要知道假设的问题属于哪种问题类型，并使用统计工具进行分析就可以。以下是使用名为 R 的统计工具的解决方法和结果：

z. test（height, alternative =" two. sided", mu = 173, sigma. x = 4, conf. level = 0. 95）

One-sample z-Test

data：height

z = 2. 054, p-value = 0. 03998

alternative hypothesis：true mean is not equal to 173

95 percent confidence interval：

173. 0686 175. 9314

sample estimates：

mean of x

　　174. 5

如果属于问题类型 1，那么在 R 中输入 "z. test" 命令就可以；如果是问题类型 2，则使用 "t. test" 命令。很多假设检验的名称从相应的分布中获得，如 Z 检验、t 检验等。大部分统计工具也将相应的分布体现在命令名称中。命令 "height" 是包含数据的集合（文件）名称。前文提到的新款干电池最长续航时间的问题，可以看作包含 10 个数据值的文件。"alternative" 是指备择假设的形态。如果设定新款干电池最长续航时间的均值 "比 30 大" 的备择假设，那么在 R 中以 "great" 表示，如果设定 "比 30 小" 的备择假设，则 R 中以 "less" 选项表示，使用 "great" 或 "less" 选项表示称作 one sided，即单侧检验；如果均值 "不是 30"，就加上 "two. sided" 选项，two sided 称作双侧检验（单侧、双侧

---

① 美国统计学会（ASA）曾订立解释和使用 P 值的六原则，发表了有关统计显著性与 P 值的声明，声明中表示 P 值并不是 100% 可以相信的指标。虽然还有作为补充的幂函数概念，但是这里不作叙述。从开始叙述统计到目前为止，笔者一直以很多不确定和模糊的概念或情况作为前提，最后叙述的 P 值也不是完全绝对的存在。笔者认为这就是想尽办法说明未知内容的、作为统计学挑战者的宿命。

并不重要，重要的是我们要选择的备择假设，需要根据备择假设来确定进行单侧或双侧检验）。因为问题类型 1 知道总体的均值和方差（标准偏差），所以可以在"mu""sigma. x"项中填写既有的值。最后，填写区间估计的置信度并执行。

R 统计工具，按照以下顺序通知结果：

在题目中表示问题类型（在一个分组中使用 Z 分布的 Z 检验——我们所区分的问题类型 1）

使用的样本数据（集合）

对提问 3 的答复：P 值与备择假设

对提问 2 的答复：区间估计值

对提问 1 的答复：点估计量（样本平均数）和点估计值（样本均值）

其他解决方法与统计工具的应用，将在《大数据分析的案例研究与实务》中说明。

五、方差分析

关于方差分析，我们先以大数据的分析观点进行说明。我们回顾一下前文介绍的联机分析处理中的数据透视表。当分析各地区的销售额时，将地区作为维度，首尔、京畿、大田等地区则是维度成员，各地区和各种产品的销售额分别利用两个维度的多维数据透视表进行。进行联机分析处理时，倾向于掌握哪个地区销售额高、哪些产品的销售额低等特殊事项。而统计只注重各维度（各维度成员）的销售额是否有差异。如果判断没有差异，那么没有必要再看数据透视表（意味着不论是哪个地区、哪些产品，实际上销售额都相同）。如果判断为有差异，那么就有必要观察数据透视表。方差分析虽然能判断出各维度有差异，但是不会指出这些差异有哪些意义。

现在回到统计学上，先从专业术语开始介绍。方差分析中，将维度称作"因子"（Factor），将维度成员称作"因子水平"（Factor Level），将多维组合称作"处理"（Treatment），像销售额这样的度量值被称作"观测值"。从这些术语中就可以知道，方差分析是以实验为前提的分析方法。

同各地区的销售额分析一样，只有一个维度的分析称作单因素方差分析（One-way ANOVA）；当分析的维度有地区、产品两种时，称作双因素方差分析（Two-way ANOVA）；当维度有三个或四个时，并不称其为多因素方差分析，而仍旧是双因素方差分析。我们回顾一下数据透视表，当分析维度在两个或两个以下时，其能直观地反映问题，但当维度在三个或三个以上时，其就不能再直观地反映问题，我们理解起来就不那么容易了。这时，可以将数据透视表固定为两个维度，其他的维度则通过过滤或细分度量值的方法查看。利用过滤功能，此时的数据透视表会成为像前文所述的按月查看 2015 年各地区各种产品的销售额的数据透视表一样的形态，即等于一共有 12 个反映各地区各种产品的销售额的数据透视表。为了同时看到这些信息，可在一个单元格（韩国首尔地区的 A 产品）里同时显示 12 个销售额（特定的月份可能没有销售，所以特定的单元格里可能只显示 11 个销售额）。细分度量值的情况也一样，将作为度量值的销售额重新细分成 1 月销售额、2 月销售额……12 月销售额的形态，并安排在反映各地区各种产品销售额的数据透视表中。像这样在度量值重复的情况下进行的分析，称作可重复双因素方差分析（Two-way ANOVA with Replication）。

在这里我们再回顾一下单因素方差分析。单因素方差分析是可重复的吗？在方差分析中，只有度量值可重复才有意义。在各地区销售额的数据透视表中，因为各地区的样本只有一个，所以没有必要进行统计分析。单因素方差分析以包含各地区 1 月销售额、2 月销售额……12 月销售额的表为前提。

我们再看一下各维度（各维度成员）的度量值是否有差异。计算数据透视表的度量值的整体平均值时，各度量值与整体平均值有多大差异？我们将每个度量值减去整体平均值后再相加求和。但是直接相加求和会使负数与正数相抵消，导致各度量值与整体平均值之间的差异变小，因此要对"度量值-度量值的整体平均值"进行平方运算后再相加求和，这个称作总平方和（Total Sum of Squares）。在考虑维度的基础上，我们计算一下各度量值与度量值整体平均值之间的差异。如果地区维度成员是韩国首尔、釜山、大田，那么先利用首尔度量值的平均值减去度量值的整体平均值（并且为了去除负数部分，进行平方运算）。首尔地区的度量值个数是 12 个（从 1 月到 12 月），那么就说明这种差异也有 12 个，即（首尔度量值的平均值-度量值的整体平均值）^{2}×12。釜山、大田也是一样的。如果大田地区没有 1 月、2 月的销售额度量值，那么度量值数量就是 10，应该乘以 10。因为考虑维度，所以需要计算各度量值与度量值整体平均值之间的差异，在两个维度以上的多维度组合中，也同样可以求出差异，这个就是处理平方和（Treatment Sum of Squares）。

双因素方差分析是对各地区和各种产品的销售额进行分析，因此以产品维度为基准，再进行处理平方和计算就可以。进行单因素方差分析，需要进行一次处理平方和计算，而进行双因素方差分析时，则需要进行两次处理平方和计算。

进行双因素方差分析时，某种情况下数据透视表会有特定维度的组合，例如首尔地区 A 产品的销售额特别高的情况，这样的情况称作多维组合的相互作用（交互作用）效果。在无重复度量值的双因素方差分析中，这种相互作用（在统计上）没有意义。因为是一个度量值，即一个样本所表现出来的现象，所以应在可重复度量值的双因素方差分析中测量相互作用。求出相互作用效果的具体方法如下：因为要知道首尔地区 A 产品相应单元格的度量值的平均值与首尔地区度量值平均值、A 产品度量值的平均值有多大的差异，所以要减去这些。但是这么做相当于重复减去单元格度量值与整体平均值之间的差异，所以要加上一个整体平均值，即度量值平均值−列平均值−行平均值＋整体平均值，并且将其平方后乘以单元格度量值的数量。对度量值进行计算后相加就成为交互作用平方和（Inter-action Sum of Squares）。

整体平方和由处理平方和（在双因素方差分析方法中依据维度数量进行计算）、交互作用平方和（只在可重复的双因素方差分析方法中存在）与残差平方和组成。残差是指与我们考虑的所有因素（维度）无关的误差。不需要考虑维度，只将各度量值减去整体度量值的平均值后进行平方并相加就是残差平方和（Residual Sum of Squares）。

前文说过方差分析的目的是判断各维度（各维度成员）度量值是否有差异。当处理平方和在整体平方和中占的比重大或平方和相对比残差平方和大时，是否可以看作各维度（各维度成员）有差异？方差分析通过"处理均方/残差均方"得到的比率判断各维度是否有差异，具体可以通过表5−2、表5−3、表5−4三个方差分析表来了解[1]。

处理均方或残差均方是度量值减去度量值整体平均值后进行平方、相加，并除以分组个数的形式。这个与求出方差的过程相似，与假设检验、区间估计问题中的方差估计（问题类型5、问题类型6）类似，而且呈卡方分布。自由度是指可自由变化的度量值的数（从严谨的角度看，是呈卡方分布的独立观测值的数），在这里是指维度成员数−1（也就是说，整体不能自由变化，如果一个成员被固定，那么在整体范围内，其他成员可以自由活动）。在表5−2中，自由度是2，那么维度成员数就是3。残差的自由度是整体度量值数量减去维度成员数量的值，整体自由度是整体度量值的数量减去1的值。通过分析可以知道，自由度是方差估计呈卡方分布时解决问题需要用到的项目（求卡方分布方式的均方时需要的项目）。

① 作为示例的方差分析表取自 Huh Munyeol 和 Song Munseop 的《数理统计学》（*Mathematical Statistics*）。

我们再来看一下 F 比率，这个是"处理均方/残差均方"比率，是以比率的形态比较两个分组方差的方法。这个与问题类型 8 的区间估计类似，并呈 F 分布。

我们所提示的备择假设要表达的是"有差异"。如果 F 比率（处理均方/残差均方）比表 5-2 中的 F 值（5% 显著性水平的自由度是 2、12 时的 F 分布值）更大，意味着比率的大小达到有意义的程度，那么会拒绝"维度（维度成员）有差异"的零假设，采用备择假设。在统计工具中显示 P 值时，如果 P 值比0.05 小，那么就拒绝零假设。

表 5-2　单因素方差分析

1 个因素（维度）	平方和	自由度	均方	F 比率
处理	1140 （处理平方和）	2	570 （处理均方 = 处理平方和/2）	4.28 （处理均方/残差均方）
残差	1600 （残差平方和）	12	133.3 （残差均方 = 残差平方和/12）	
计	2740 （整体平方和）	14		

如果是无重复双因素方差分析（见表 5-3），则按照维度求出处理平方和、均方、F 比率。关于各地区是否存在销售额差异，可通过地区维度的 F 比率（或者地区维度的 P 值）判断。对于各产品是否存在销售额差异，则通过产品维度的F 比率（或者产品维度的 P 值）判断。由表 5-3 可知，地区维度和产品维度的 F值分别为 $F(0.05, 2, 6) = 5.14$ 和 $F(0.05, 3, 6) = 4.76$。因此，销售额在地区维度上会存在差异，但是在产品维度上则没有差异[①]。

表 5-3　无重复的双因素方差分析

2 个因素（维度）	平方和	自由度	均方	F 比率
地区维度（处理）	34.67 （地区维度的处理平方和）	2	17.33 （地区维度的处理均方 = 地区维度的处理平方和/2）	14.20 （地区维度的处理均方/残差均方）

---

① 统计学学者们通常不这样表达，而是表示"没有证据证明存在差异"。

2 个因素（维度）	平方和	自由度	均方	F 比率
产品维度（处理）	4.67（产品维度的处理平方和）	3	1.56（产品维度的处理均方＝产品维度的处理平方和/3）	1.28（产品维度的处理均方/残差均方）
残差	7.33（残差平方和）	6	1.22（残差均方＝残差平方和/6）	
计	46.67（整体平方和）	11		

如果是可重复的双因素方差分析（见表5-4），则会增加有关相互作用的内容。与 F 值比较时，地区维度、地区维度和产品维度相互作用没有差异，只在产品维度上"F 比率＝4.32"比"F 值＝4.26"大，所以产品维度的各成员之间有销售额差异。

表5-4　可重复的双因素方差分析

1 个因素（维度）	平方和	自由度	均方	F 比率
地区维度（处理）	52.17（地区维度的处理平方和）	2	26.085（地区维度的处理均方＝地区维度的处理平方和/2）	2.50（处理维度的处理均方/残差均方）
产品维度（处理）	90.33（产品维度的处理平方和）	2	45.165（产品维度的处理均方＝产品维度的处理平方和/2）	4.32（产品维度的处理均方/残差均方）
地区维度和产品维度（相互作用）	81.50（相互作用的处理平方和）	4	20.375（相互作用的处理均方＝相互作用的处理平方和/4）	1.95（相互作用的处理均方/残差均方）
残差	94.00（残差平方和）	9	10.444（残差均方＝残差平方和/6）	
计	318.00（整体平方和）	17		

六、回归分析

回归分析不是用于预测的分析方法，实际上仅仅是依据样本抽取数据的推测线（依据样本抽取数据的中间点的线），而对推测线（又称趋势线）进行检验、估计是统计的本来目的。我们先以统计的观点介绍回归分析，而关于预测方面的应用将在以后介绍。

我们看看入学成绩和毕业成绩之间存在哪些线性关系①。某种情况下两者可能会呈现"毕业成绩＝a+b＊入学成绩"的线性形式，但是因为没有完美（"＝"经常成立的情况）的线性形式，所以上述线性形式会成为"毕业成绩＝a+b＊入学成绩+误差"这样的形态。最佳的线性形式，即回归模型的误差是最小的。那么怎样才能得出误差最小的模型？为了使所有同学的毕业成绩和入学成绩的误差最小，需要将各个误差，即对所有同学的"毕业成绩－（a+b＊入学成绩）"进行平方后相加。如果能解出方程，就能得出求解 a 和 b 的公式。但是为了知道 a 和 b 的值，需要将所有同学的入学成绩和毕业成绩代入公式中。笔者这里所谈论的内容都处于理想状态下。

我们目前拥有的只有部分同学的入学成绩和毕业成绩，而不是整体，将相应数据代入公式就可计算出 a 和 b 的点估计值。除此之外，也可以进行 a 和 b 的区间估计或假设检验。我们的主要目的是判断能否使用我们求出的回归方程，因此只要确认一下通过统计工具得出的结果中 a 和 b 的 P 值是不是较低（回归分析的备择假设是"b 不是 0"）就可以。

现在我们以方差分析的观点考虑回归分析。该问题中有一个回归维度（因素），回归维度的成员有两个，分别是毕业成绩和"a+b＊入学成绩"。在这样的情况下，可以直接应用方差分析（见表5-5）。

表 5-5　回归分析的方差分析

1 个因素（维度）	平方和	自由度	均方	F 比率
回归（处理）	回归的处理平方和	1	处理均方＝处理平方和	处理均方/残差均方
残差	残差平方和	样本数-2	残差均方－残差平方和/（样本数-2）	
计	整体平方和	样本数-1		

---

① 定义为线性关系，而不是相关关系。即使两个变量之间存在非线性关系，我们也都看作易懂的线性关系。

应用方差分析有两个优点：一个优点是，对毕业成绩进行回归分析时，如果除了入学成绩以外还需要考虑学分变量，那么回归分析就会成为多元回归分析（Multiple Regression）。但此种情况下，回归维度（因素）仍然是一个，回归维度成员是毕业成绩和"a+b＊入学成绩+c＊学分"两个，我们只做自由度不同的方差分析就可以（见表5-6）。

表5-6　多元回归分析的方差分析

1个因素（维度）	平方和	自由度	均方	F 比率
回归 （处理）	回归的处理平方和	解释变量的数量（例如 2 个，即入学成绩和学分）	处理均方＝处理平方和/解释变量的数量	处理均方/残差均方
残差	残差平方和	样本数－解释变量的数量－1	残差均方＝残差平方和/（样本数－解释变量的数量－1）	
计	整体平方和	样本数－1		

　　如果是单纯回归，则"b 不是 0"；如果是多元回归，则将"b 和 c 都不是 0"作为备择假设。另外一个优点是能够知道可决系数。可决系数能够通过回归方程反映变量（毕业成绩）解释的程度。为了更直观地理解，我们先对毕业成绩的观测值与毕业成绩的平均值的差异，即偏差[①]进行分类（见图5-5）。

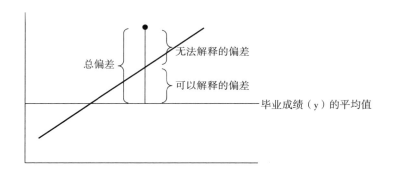

图 5-5　偏差的种类

---

　　① 偏差（Deviation）是指观测值与平均值的差异，在总体的角度上称作误差（Error），在样本的角度上称作残差（Residual）。

度量值与整体测量均值之间的差距就是总偏差。这个总偏差有能使用回归维度或因素（a+b＊入学成绩）解释的部分（即通过回归方程计算的部分），也有不能通过回归方程解释的部分。如果以方差分析的项目表示，整体平方和分为回归的处理平方和与残差平方和，那么回归方程能对总偏差进行解释的程度可以按照"回归的处理平方和/整体平方和"求出，这个就是可决系数。

前文说过即使两个变量之间存在非线性关系，我们也都看作容易理解的线性关系。现在说明一下这么做的原因。

进行回归分析之前，必须要观察数据的分布形态。图 5-6 中（a）和（b）的数据分布形态属于可应用前文介绍的线性回归分析方法分析的情况，但是（c）中的数据分布形态不是线性关系。

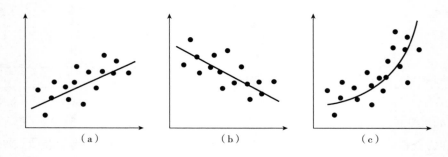

图 5-6　数据分布和线性关系

对于不存在关系的数据分布形态，做任何分析都是没有意义的。图 5-6 中（c）的数据分布形态虽然不是线性关系，但是能看到关系，这时可以使用变量变换法进行分析。如果要应用这个方法，首先需要找到符合数据分布形态的关系式。部分变量变换法[1]具体如表 5-7 所示。

前文说过以多个变量进行回归分析的情况称作多元回归分析，那么用于多元回归分析的变量越多就越好吗？在估计毕业成绩的问题中，如果加上入学成绩、学分、出勤分数变量会怎么样？如果再加上年龄、血型、性别变量又会怎么样？在实际操作中，虽然以血型估计毕业成绩会让人产生很多疑问，但是如果统计模型中存在可说明出勤分数的血型数据，那么只要增加该变量，其解释能力就会变强，但是这样会使方差变大，最终导致估计值的准确率降低。

---

① 变量变换法参考了 Kim Ucheol 等编写的《现代统计学》中的内容，www.naver.com。

表 5-7 变量变换法

x 与 y 的关系	变量变换	回归方程
y＝a+b/x	z＝1/x	y＝a+b * z
y＝a+b * root(x)	z＝root(x)	y＝a+b * z
y＝a * x^b	y′＝log y，z＝log x	y′＝a′+b * z，a′＝log a
y＝a * e^(b * x)	y′＝ln y	y′＝a′+b * x，a′＝ln a
y＝(a+b * x)^2	y′＝root(y)	y′＝a+b * x
y＝a * b^x	y′＝log y	y′＝a′+b′ * x，a′＝log a，b′＝log b

在回归方程中增加变量，使其解释能力变强的同时，通过给予惩罚的方式（可决系数除以自由度）调整方差变大的程度，称作调整的可决系数。对于组成回归方程的所有解释变量组合，如果能求出调整的可决系数并选择可计算出最大值的回归方程，就可以选出最适合的解释变量。如果因为变量太多而难以计算，可以使用从应用所有变量的模型中逐个去除变量的方法（向后选择法）和与此相反的逐个增加变量的方法（向前选择法）选择解释变量，但是这种方法无法保证选择的解释变量是最佳选择。一般情况下较多使用对向前选择法进行改善的逐步回归法（Stepwise Regression）选择解释变量。

为了进行大数据分析而盲目收集各种数据的现象时有发生，而且很多人还认为只要通过机器学习或特别的算法分析盲目收集的大量数据，就可以得出结果。但是就像在回归分析中选择何种变量一样，如果收集与分析目的没有任何逻辑关系的数据，是没有任何价值的[①]。但是当找到了与分析目的无关的变量之间的关联性，或者找到了某种别人不知晓的分析模式时应该怎么做？

某研究人员通过分析数千个地区，发现教会数量与犯罪数量存在强相关性，这种相关性在统计的角度上也是存在的。你会怎么看待这个问题？教会数量多，意味着该地区的人口也很多。人口多，犯罪的数量也肯定会多。错误地定义问题或者未了解数据就进行分析，就很容易得到错误的结果。

七、回归分析的应用与扩展

目前有如图 5-7 所示的销售额数据。如果要应用回归分析进行估计，并且还要用于预测未来，应该怎么做？

---

① 即使不依赖统计证明，也需要记住"投入垃圾，就会得到垃圾"的数据分析前提。

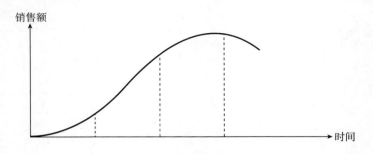

图 5-7　销售额数据和回归分析的应用

如果得出如图 5-8 所示的回归线，那么首先要改变看待问题的视角。

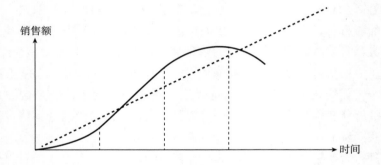

图 5-8　不正确的回归方程应用形态

前文说过利用回归分析不仅可以进行估计，还可以预测未来。从图 5-7 中可以直观地看到未来的销售额将持续下降。不能忽视已知的信息，也不能只看已有的数据。需要预测未来时，利用最近的数据单独求出回归方程即可，而之前的数据则用于求出进行估计的回归方程（见图 5-9）。

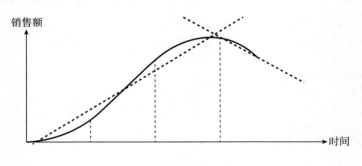

图 5-9　回归方程的分离应用

回归分析按照使用目的可以划分为多个形态，区分后可以进行多种应用（见表5-8）。

表5-8 回归分析按照使用目的的形态划分及应用

形态	示例	关系式
解释变量为"与否"[①]的形态	工资因性别而异的情况	工资＝a+b＊男女区分 男女区分＝1（男），0（女）
解释变量既是区间又是"与否"的形态	储蓄额与收入有关，30岁以上和30岁以下的人群之间存在差异的情况	储蓄额＝a+b＊收入+c＊年龄区分 年龄区分＝1（30岁以下），0（30岁以上）
解释变量有多个区间的形态	化妆品的购买数量因年龄而异的情况	购买数量＝b＊10多岁与否+c＊20多岁与否+d＊30多岁与否+e＊其他年龄与否 但是，10多岁与否、20多岁与否、30多岁与否、其他年龄与否都是1、0的形态
从时间序列中调整季节	夏天销售额高，其他季节销售额低的情况	销售额＝a+b＊t+c＊季节区分 季节区分＝1（夏天），0（春天、秋天、冬天），t是时间顺序
解释变量很多，并且具有相互作用的情况	工资由性别和工作年限决定，但是工资因性别不同而对工作年限的反映程度不同的情况	工资＝a+b＊性别+c＊工作年限+d＊性别＊工作年限 性别＝1（男），0（女）
结果（因变量）是"与否"的状态	根据有毒物质的用量，用于实验的小鼠活着或死亡的情况	生死与否＝a+b＊有毒物质用量 生死与否＝1（小鼠活着），0（小鼠死亡）

利用统计检验的观点，针对表5-8中的第一种情况，将"工资因性别而异"作为备择假设以后，可以检验出b不是0。希望读者除了假设检验以外，在实际操作中能够灵活应用回归分析模型。

表5-8中的第三种情况，将年龄段的区间变量都定义为十几岁与否、二十几岁与否、三十几岁与否、其他年龄与否，是因为如果按照年龄段＝0、1、2、3或

---

① 统计学将"与否"、区间形态的数据称作分类数据（Categorical Data），但是这里将直接使用联机分析处理、可视化中使用过的术语。

1、10、100、1000 等定义，会得出不同的分析结果，而且年龄段区间变量都为 0 时，应该没有购买量，因此要在回归方程中将 a 排除在外。

如果像表 5-8 中的第五种情况存在多个变量并且变量之间存在相关性，就可做出有趣的模型，方程如下：

工资＝a+b＊性别+c＊工作年限+d＊性别＊工作年限，性别＝1（男），0（女）

如果是男性，工资＝(a+b)+(c+d)＊工作年限；如果是女性，工资＝a+c＊工作年限。也就是说，男性和女性的起始工资不同，工资增长的倾斜度也呈现不同的形态。

结果变量（因变量）为"与否"或区间时，构在二元选择模型（Binary Choice Model）、多重选择模型（Multiple Choice Model），可使用 Probit 模型、Logit 模型（多重选择模型使用泛化的 Probit 模型、泛化的 Logit 模型）进行回归分析。Logit 模型将在本章下一节的机器学习中进行介绍。

最后利用其他观点分析一下变量的形态是"与否"或区间的情况（这个与回归分析没有关系）。化妆品的购买量因年龄而异，通常的比重为十多岁 20%、二十多岁 50%、三十多岁 30%（这个是各年龄段的购买量分布情况）。确认样本抽取数据的分布是否与这个分布相符的检验称作拟合优度检验（Goodness of Fit Test）。确认不同性别各年龄段的购买量分布是否相同（男性、女性都是十多岁 20%、二十多岁 50%、三十多岁 30%）的检验称作齐性检验（Test of Homogeneity）。

针对前文提及的判断工资是否因性别而异的情况，我们将工资水平换成区间型的"平均以下、平均、平均以上"后，观察一下性别之间有怎样的差异（见表 5-9）。

表 5-9　区间型的男女工资水平差异　　　　　　　　　　单位：人

	平均以下	平均	平均以上
男性	72	112	245
女性	95	103	98

表 5-9 将工资水平与性别的关系做成了 2×3 列联表（Contingency Table），并配置了相应的样本数。在整体样本数是既定的，抽取数据后再区分男女的条件下确认工资水平是否与性别有关系的检验称作独立性检验（Test of Independence）。与此相比，齐性检验是在男性分组中抽取样本并确认工资水平，然后在女性分组

中抽取样本明确其工资水平，进而确认两个分组的工资水平分布是否相同。双因素方差分析看起来与独立性检验相似，但是独立性检验是掌握都属于区间型的因变量与解释变量之间关系的方法，而方差分析是确认性别和年龄（两个解释变量）是否在购买量（可以看作因变量，并且不是区间型，而是连续型）这个度量值的标准上有差异的方法。

八、时间序列

回归分析的目的是使用现有的所有数据对现在的情况进行说明，因此学界多使用拟合（Fitting）这样的术语，而不是预测。

预测以时间顺序为前提，且有明确的下一个顺序（例如，现在是 2016 年，那么就需要预测 2017 年的情况），而回归分析不需要知道下一个顺序。预测时，只能按照预测目的使用与预测密切相关的就近数据，而回归分析可以使用已有的所有数据。

为了区分方便，假设回归分析以解释变量表现因变量，而时间序列则只有因变量以时间顺序排列（如果对模型进行扩展，那么这样区分并不正确，但是为了使概念清晰，先这样假设）。现在了解一下在时间序列中求出预测值的方法。

随着时间的推移，一些情况会发生改变。针对前文提到的分析销售额的问题，笔者认为时间过长的数据不适合用于预测，因此只使用过去 3 个时期的数据。那么，就对 2012 年、2013 年、2014 年的销售额进行平均得出 2015 年的销售额，即将 2012~2014 年销售额的平均值看作是 2015 年销售额的预测值，这个称作 3 期简单移动平均法。

即使考虑 3 个时期，也要增加最近年度的比重，即将 2012 年、2013 年、2014 年的销售额乘以 20%、30%、50% 后相加，这个称作加权移动平均法[①]。我们现在扩展一下加权移动平均法，不止考虑 3 个时期，而是考虑所有时期，对所有时期赋予权重，并且对最近的时期赋予更多的权重，进而构建指数函数，如果刚开始增长率低，后来增长率急剧增长，就是理想的形态（这是指数函数的形态），这种方法称作指数平滑法（Exponential Smoothing）。平滑不只适用于指数平滑法，移动平均法或回归分析也是使指数函数形态变得比原来更平的平滑法，权重是决定平滑程度的因素。

但是观察实际的采用简单指数平滑法的计算方式，未能直接看到考虑所有时

---

① 利用可将误差最小化的最优方法，可以求出加权移动平均法的最优权重和指数平滑法的最优平滑参数，这部分将在《大数据分析案例研究与实务》中进行介绍。

期的形态。以简单指数平滑法预测 2015 年销售额的方法如下：

2015 年销售额预测值＝2014 年销售额预测值＋a＊（2014 年销售额实际值－2014 年销售额预测值）

这个是进行销售额预测时，只考虑上一年度的销售额预测值与实际值的方式，预测值是简单指数平滑值，a 是权重，称作平滑参数。

上式表面上看好像只考虑了上一年度的情况，我们现在分析一下确认其是否真的没有考虑整个时期。重新写出公式，具体如下：

2015 年销售额预测值＝a＊2014 年实际值＋（1－a）＊2014 年预测值

=a＊2014 年实际值＋（1－a）＊（a＊2013 年实际值＋（1－a）＊2013 年预测值）

=a＊2014 年实际值＋（1－a）＊a＊2013 年实际值＋（1－a）＊（1－a）＊2013 年预测值

该公式最终变成对（作为预测对象的）所有年度的销售额实际值与最初年度的销售额预测值的加权平均，即考虑了所有时期。

如何确定初始值？如果有 2000 年到 2015 年的数据，想要从 2011 年开始进行预测，那么就要将 2000 年到 2010 年的数据的平均值作为最初年度的预测值，在确定 a 以后，按照以上公式从 2011 年开始计算。

九、时间序列分析的扩展

笔者为了预测 2015 年第三季度的泳装销售量，收集了 2012～2014 年各季度和 2015 年前两个季度的泳装销售量数据。笔者看完数据后产生了以下想法。

A：2012 年、2013 年、2014 年的销售量在持续增长，所以 2015 年的销售量也会继续增长。

B：每年第二季度的泳装销售量较高，第三季度较低，那么 2015 年第三季度的销售量也会比第二季度少。

如 A 一样变量持续增加或减少的形态称作趋势变动（Trend Variation），如 B 一样变量因季节的影响而产生周期性变化的形态称作季节变动（Seasonal Variation）。A 可以通过像 y＝a＋b＊t 一样的回归分析方程求出，B 可以通过"销售量达到平均值的季度（季节）为 1、高出平均值的季度大于 1、低于平均值的季节小于 1"的赋值方式设定回归分析方程进行分析。

最终，2015 年第三季度的泳装销售量＝（2015 年第三季度的泳装销售量趋势变动）＊（2015 年第三季度的泳装销售量季节变动）＝（2015 年第三季度的泳装销售量回归分析估计值）＊（第三季度的泳装销售量季节指数）。

　　将时间序列的变动分解成几种主要变动的方法称作因素分解法（Method of Decomposition）。通常因素分解法以"t 时间点的时间序列＝t 时间点的趋势变动＊t 时间点的季节变动＊t 时间点的循环变动＊t 时间点的偶然变动"的方式表现。循环变动与季节变动一样有周期，但不是以月、季度为单位，而是以数十年为单位的大的流动。如果有循环变动，就要像季节变动一样，求出以 1 为基准的循环指数以后相乘①。偶然变动的概念与回归分析的误差相同。

　　回归分析方程是像"泳装销售量＝a+b＊气温"一样的形态，如果要让其表现时间序列，其将变成"泳装销售量＝a+b＊过去的泳装销售量"的形态。看起来像自己解释自己的模型形态称作自回归模型（Auto-Regressive Model）。有时会只根据 2014 年的泳装销售量解释 2015 年的泳装销售量的情况，有时还会根据 2014 年的泳装销售量与 2013 年的泳装销售量解释 2015 年的泳装销售量的情况。根据 1 个期间之前的自身情况所解释的模型，以 AR（1）表示；根据 2 个期间之前的自身情况所解释的模型，以 AR（2）表示。实际销售量由根据模型估计的值与误差组成，因此 2015 年的泳装销售量由根据 2014 年泳装销售量的估计值与 2015 年的误差组成，而 2014 年的销售量又由 2014 年的误差与 2013 年销售量及其误差组成。最终，AR 模型就成为由所有时期的误差组成（受到所有时期误差的影响）的形态。

　　对此，有人持有不同的看法。也就是说，销售量不可能受到所有时期的影响。因为销售量在实际中只受几个时期销售量估计值误差的影响，所以只要对几个时期的数据进行平均就可以预测。这个就是前文讲到的移动平均（Moving Average）方法，以 MA（要进行平均的期间或受到误差影响的期间）来表示。如果认为预测既有自回归形态，又有移动平均的平滑形态，那么使用自回归移动平均（ARMA）模型即可。通过统计工具能够找到适合相应数据分析的自回归移动平均模型。如果统计工具提示 ARMA（1，0），那么就是 AR（1）的意思。除此之外，还有差分整合移动平均自回归模型（Auto-Regressive Integrated Moving Average，ARIMA）。在本书中，Integrated 虽然有整合的意思，但是更意味着为了适用于自回归移动平均模型而变换时间序列数据。ARIMA（2，1，1）可以理解为变换 1 次数据时，2 个期间的自回归模型与 1 个期间的移动平均模型最为合适。

　　假设泳装销售量不仅受上一年度泳装销售量的影响，还受上一年度太阳镜销

---

　　① 因素分解法除了乘以各个变动的形态以外，还有相加各个变动的形态。在这里是相乘的形态，所以做成以 1 为基准的指数形态。

售量的影响，而太阳镜的销售量也同样受上一年度太阳镜销售量和上一年度泳装销售量的影响，那么分析此类问题的并在多个时间序列相互影响下通过形态和矩阵、向量来表现的时间序列回归方程，称作向量自回归模型（Vector Auto-Regression，VAR）。

时间序列分析有很多方法，每种方法描述起来都需要占用大量的篇幅，而且内容也是晦涩难懂。本书只从概念和应用的观点出发，对其进行简单介绍。在实际操作中，最先要确认是否具备应用时间序列模型的条件，然后再确认是否具备进行正态性检验、时间序列稳定性检验等条件，这些远比确认是否具备应用时间序列模型的条件复杂得多，需要的时间也更长，加工数据时也要付出更多的努力。

如果不是学校和研究所，而是普通的企业，那么有必要使用难度较大的时间序列方法和本书介绍的所有统计方法进行分析吗？如果需要进行严谨的验证和精密的统计分析，可能需要相关领域专家（不是统计专家，而是回归分析专家、差分整合移动平均自回归模型专家、结构方程专家等各专业领域的专家）的帮助。

即使通过时间序列分析得到了预测的结果，但是分析师和分析结果的使用者之间也经常会因为预测观点不一致而出现矛盾。通过平滑操作得到的预测结果呈现出比实际结果变动幅度小的保守形态，如果从好的方面考虑，该预测就是对正常情况的预测。但是使用分析结果的用户，尤其是经营者会对这种针对正常情况的预测感到不满意：

"专家们花了那么长的时间，预测的结果和我根据使用 Excel 做出的图表大概得出的预测结果没什么差异。"

"除了预测一般情况，是不是也要预测非正常情况或突发情况？"

经营者们通常想通过掌握预测信息来超过竞争者，并且把握难得的发展机会，本书将在第六章的第二节与第三节，向经营者们介绍实用的预测方法。

第二节　以神经网络为基础的机器学习和深度学习

一、简单的机器学习练习

我们现在了解一下入学成绩和毕业成绩之间的关系。先用"毕业成绩＝w ＊

入学成绩"这样的线性关系组成模型，我们的目的是让实际值与估计值的差异实现最小化。具体方法是对"毕业成绩-毕业成绩估计值"进行平方，以此来避免负数和正数相互抵消，并求出"毕业成绩-毕业成绩估计值"的平方值的相加值作为最小值的 w 值。对于任意的 w 初始值（先假设为 0），我们沿着改善目标函数的方向，一点一点地变更 w 值。改善目标函数的方向是 w 的倾斜度，即微分值，也就是对各个合计值｛（毕业成绩-w＊入学成绩）＊（毕业成绩-w＊入学成绩）｝进行微分后，各个合计值就成为｛2＊（毕业成绩-w＊入学成绩）＊（-入学成绩）｝的形态，这个就是倾斜度。

那么下一个 w 值可以通过"当前的 w 值-改善程度＊倾斜度"求出，改善程度则定为 0.1。求出的数据如表 5-10 所示。

表 5-10　学生 1 和学生 2 的入学成绩和毕业成绩

	学生 1	学生 2
入学成绩	1	2
毕业成绩	2	4

如果从 w＝0 开始，那么下一个 w 是 0（当前的 w 值）-0.1＊［学生成绩合计｛2＊（毕业成绩-w＊入学成绩）＊（-入学成绩）｝］＝0-0.1＊［2＊（2-0＊1）＊（-1）+2＊（4-0＊2）＊（-2）］＝0-0.1＊［-20］＝2；再下一个 w 是 2-0.1＊［2＊（2-2＊1）＊（-1）+2＊（4-2＊2）＊（-2）］＝2-0.1＊［0］＝2。因为与之前的 w 值相同，所以我们将当前的 w 值定为 2。由此，我们得到"毕业成绩＝2＊入学成绩"的式子。

然后我们将其他学生（学生 3）的入学成绩（入学成绩 3）和毕业成绩（毕业成绩 5）代入式子中，求出估计的毕业成绩（2＊3＝6）后，与实际的毕业成绩进行对比。

我们检查一下到目前为止的操作：

定义两个变量之间的关系→定义机器学习模型；

定义模型的目的→定义成本函数；

定义 w 值的计算方法→定义机器学习方法（算法）；

收集数据（学生 1，学生 2）→学习数据；

w 计算→学习，如果直接手动完成这个操作，就是人类学习，如果使用了计算机，就是机器学习；

学生 3 的数据→测试数据；

对学生 3 毕业成绩的估计→验证测试与模型的准确率。

到此为止，我们已经概括说明了机器学习的所有概念与步骤。现在再做几点说明以后，将介绍一些不错的模型。以上介绍的模型是在统计中看到的回归分析，那么现在提出这样一个问题：回归分析是机器学习，还是统计？

回归分析既可以像以上操作一样通过学习数据的方式求出回归线，也可以像在统计中一样通过公式立即求出结果[①]。在这个例子中需要知道的是，机器学习是通过数据计算一点一点改善问题结果的方法，这个方法并不适用于所有情况，不是在哪里都有效的方法。

在大部分情况下，我们需要解决的问题并不简单（需要与目标函数一起考虑的约束条件不像上例一样简单），所以并不能保证一定能找到最优值。如果改善程度不够细微，得到的结果就会在最优值附近徘徊。在估计毕业成绩的例子中，改善程度被定为 0.1，要在其他的操作中还可以使用像 0.01、0.001 一样更小的值来设定改善程度。

二、人工神经网络（Artificial Neural Network）

人工神经网络是通过模仿人脑传达信息的过程制作的模型。人工神经网络包含了后面将要介绍的深度神经网络（Deep Neural Network）、卷积神经网络（Convolutional Neural Network）、深度信念网络（Deep Belief Network）等内容，此外还可以特指由基础的感知机（Perceptron）组成的模型。

我们简单了解一下通过参考脑神经进行定义的、作为人为网络的感知机的形态。与神经细胞（Neuron）一样，感知机能够传达输入的信号，通过权重积累变化的值，并且根据这个值的水平（阈值），输出目标值（见图 5-10）。现在将图 5-10 左边的感知机模型转换为右边的实际计算的形态。将 3 个输入值表示为 x1、x2、x3，将传达输入信号的区间权重表示为 w1、w2、w3。因为是将权重反映值的合计值与阈值进行比较，所以需要将模型变更为权重反映值的合计值减去阈值得出的值与 0 进行比较的形态。也就是说，这是对虚拟输入值 1，以负阈值的方式赋予权重的形态。虽然没有必要进行变形和说明，但是编写人工神经网络算法或进行理论说明时，这种形态的假设比较多，因此可以当作练习。

---

① 统计中的回归分析也有相同的作用，即成本函数相同，而且从数学的观点上看时，呈现严格凸性（Strictly Convex），所以进行微分时能够立即算出成为 0 的点，不需要一点一点地进行改善。

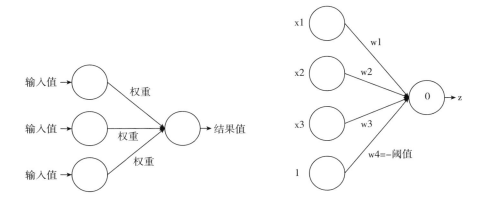

图 5-10　感知机

除了输入数据变多以外，其他使用感知机模型解决问题的方式与估计学生毕业成绩的问题中通过机器学习进行简单回归分析一样，即可以将感知机模型看作是通过机器学习进行多元回归分析。

掌握了基础知识以后，我们再增加一些内容。图 5-10 中输入值只有 0 和 1，但是实际操作中其包含多种形态的数据。我们先假设这些数据都是数字。因为数字数据的单位都不同，所以如果要将其输入到模型中进行计算，就要将数据统一成同样的大小，通常转换为-1~1 的值。结果值也最好是标准化的形态，前面定义的计算值不是 1 就是 0[①]，而更为常见的是使计算值在 0~1 的范围内。在人工神经网络中，经常使用 Sigmoid 激活函数、Tanh 激活函数。我们先确认这些函数形态，然后再一起确认 Logit 函数。

这些函数到底是什么样的形态？答案是全都呈现 S 形曲线形态。函数状态变化的形态都可以看作 S 形曲线。同水变成水蒸气的汽化和范式的变化一样的自然与社会现象的状态变化，都呈现 S 形。神经细胞的动作也一样，在一定程度上没有变化，但是当刺激超出一定范围时其会突然产生变化，并一直保持这个状态。

现在再增加一些难度。实际上，只得出一个结果值的模型是不存在的。能够得出结果值的结果节点可能有多个，并且输入节点并不是一定走向结果节点。某些感知机的结果值有时可能作为其他感知机的多个输入值中的一个来运作。前面介绍的简单模型，只能解决简单的问题。由多个感知机结合在一起组成的模型，

[①]　如果是 1，则称作 Activate；如果是 0，则称作 Inactivate；表示动作与否或动作程度的函数，称作 Active 函数。

则能够解决多种问题。如果综合观察这种由多个感知机组合而成的模型的形态，就能够看到形成中间层的网络，具体如图 5-11 所示。

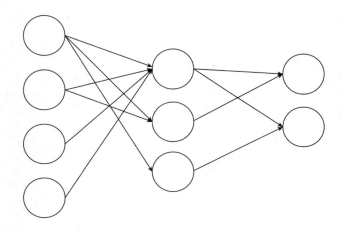

图 5-11　形成中间层的感知机

中间层称作隐藏层（Hidden Layer），像这样由基础的感知机组成的网络形态通常称作狭义的人工神经网络。它的算法也是求权重的方法，但具体的步骤较复杂，且很难进行手工计算，所以我们只对概念进行说明。我们要区分从输入层到中间层的权重和从中间层到结果层的权重。如果要正确计算作为目的的"（目标值-结果值）的差异最小化"，就要以结果层为基准，首先计算从中间层到结果层的权重，然后再计算从输入层到中间层的权重。因为这种方法采用反向计算的方式，所以称作反向传播（Back Propagation）算法[1]。

前文我们介绍了单隐藏层神经网络（Single Hidden Layer Neural Network），那些拥有多个隐藏层的由感知机组成的网络形态称作多层神经网络（Multi-Layer Neural Network），也可以称作深层神经网络（Deep Neural Network）。深层神经网络是下一部分将要介绍的模型[2]。

---

[1]　反向传播算法、感知机的结合、S 形曲线的应用是发展神经网络方式的机器学习的"功臣"。实现简单感知机不能解决的异或（XOR）问题，是它们最具代表性的贡献。异或的功能是，当输入的其中一项内容为真时，输出的结果为真；当两个都是真时，输出为假。假设在百货店畅销的商品是价格高的商品、食品，虽然价格高的箱包很畅销，食品也很畅销，但是价格高的食品却不畅销，即两种特征都具备（两个都是真）时不畅销（假）。

[2]　从形态上看，如果由感知机组成的网络形态的中间层多，就可以称作深层神经网络。但是从显示出超预期的性能、对深度学习（Deep Learning）的应用方面的贡献看时，还是要从卷积神经网络谈起。

三、卷积神经网络（Convolutional Neural Network，CNN）

如果学习有关卷积神经网络的知识，会使我们认知图像的能力变得更出色。这不是指让我们处理图像数据的能力很突出，而是指让我们能够很好地从数字数据中提取原来的影像所固有的特征。不论哪种人工神经网络，对数据都将以数字（准确地说，就是数字或罗列的向量、矩阵）的方式进行处理。

在这里先说明一下图像的数字数据化。如果某个黑白图像的宽度、高度为28个像素，那么意味着有784个像素。如果0为白色、255为黑色，那么可以表现为（0，0，0，0，…，255，255，…，0）等数字的集合（这个称作784维向量）。通常，使用降维等方法使这样的数据变得更小以后再使用。以数字来表现图像（或视频）并进行数据变换的工作需要对大量的向量和矩阵进行计算。使用CPU进行这样的计算，需要花费相当多的时间，而GPU能够迅速地进行矩阵并行计算，所以处理图像或进行深度学习时需要GPU。

现在我们了解一下卷积（Convolution）的概念和作用。在躺着的猫、奔跑的猫、跳跃的猫的照片中，如果只想抽取"猫"的特征，应该怎么做？现在举一个简单的例子。假设有"A""B"两个图像，我们想要知道它们是否存在垂直的特征，即"I"。用矩阵表示"A"，并让其与具有垂直特征的矩阵相乘，那么表示具有垂直特征的部分的数字就会变大。"B"通过相同的过程，也可以形成具有垂直特征的新矩阵（见图5-12）。

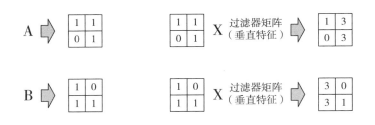

图 5-12　卷积

这里的"I"是具有垂直特征的矩阵，发挥过滤器（Filter）的作用。将原影像与过滤器进行合成，即进行矩阵计算称作卷积。通过卷积可以反映信息的种类，将这一点应用在神经网络（Neural Network）中称作卷积神经网络。

卷积神经网络（CNN）是深层神经网络，中间层较多，根据功能可以分为三种类型。首先，称作卷积层（Convolution Layer）的这一层，功能是寻找样本有意义的特征。其次，池化层（Pooling Layer）具有缩小尺寸的功能。该层以样本抽取方式缩小样本的特征。当有大猫与小猫时，缩小图像尺寸后，可识别出两个都是猫。如果以矩阵的计算形态来理解，相当于将图 5-13 中左侧的 4×4 矩阵变成右侧的 2×2 矩阵。

缩小矩阵可以采用如图 5-13 所示的在 1、3、2、4 中抽取最大值的方法，也可以采用求出平均值的方法。最后，前馈层（Feedforward Layer）对最终的样本特征进行分类。

图 5-13 池化

卷积神经网络不仅多次交替使用卷积层和池化层，而且还会增加相应的层，使性能显著提高。更重要的是，其不提前确定我们要提取的样本的特征，而是通过反复的操作，让计算机自动提取。

提前告知这个图像是猫、那个图像是狗然后学习数据的方式，或者认为垂直特征有利于识别图像而对其提前进行定义的方式，如在抽取猫的特征的例子中提前定义"输入（0，1，0）时为1，输入（0，0，1）时为0"然后学习并寻找权重的方法，是人类先行告知的方法，不是机器自行学习的方式，称作监督学习（Supervised Learning）。虽然不知道是猫还是狗，但能够自行识别（分类）出差异的方式称作无监督学习（Unsupervised Learning）[①]。

目前，卷积神经网络被认为是最具有代表性的深度学习（Deep Learning）方法。

四、循环神经网络（Recurrent Neural Network，RNN）

卷积神经网络具有卓越的图像认知功能，那么其对音频或视频的认知效果如何？如果是音频或视频，数据的输入顺序本身就是一项重要的信息。视频是连续的图像，与其单独处理各个图像，不如将从前一个图像中得到的信息用于下一个

---

① 无监督学习方法有简单的聚类方法，也有难度较大的受限玻尔兹曼机（Restricted Boltzmann Machine）、深度信念网络（Deep Belief Network）、深度自动编码器（Deep Auto-encoder）等方法，这些方法在卷积神经网络出现之前就已经被广泛应用。

图像，可能会得到更好的结果。

因为视频有多个图像，所以分析处理视频的循环神经网络具有与图像数量一样多的卷积神经网络。为使处理第一个图像的卷积神经网络的输出节点值反映到下一个图像中，将卷积神经网络的输出节点值添加到下一个处理图像的卷积神经网络的输入节点层，即下一个卷积神经网络的输入节点数是其原来的输入节点数与前一个卷积神经网络的输入节点数相加的值（见图5-14）。

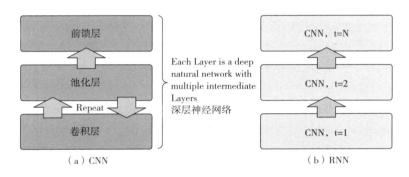

图 5-14 卷积神经网络和循环神经网络

循环神经网络是指有循环或反馈（Feedback）特征的所有模型，较具代表性的有全连接循环神经网络（Fully Recurrent Neural Network，FRNN）、循环多层感知机（Recurrent Multi-Layer Perceptron，RMLP）、简单循环网络（Simple Recurrent Network，SRN）。下面介绍一下它们的特征。

全连接循环神经网络就是所有节点都连接在一起的循环神经网络（见图5-15）。在全连接循环神经网络中，输出值会被传送到反馈节点，并与下一个时间点的输入值一起被处理。

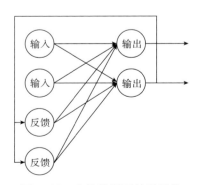

图 5-15 全连接循环神经网络

循环多层感知机是中间层（隐藏层）位于输入层和输出层之间的模型（见图 5-16）。中间层可由多个组成，输出到中间、中间到中间、中间到输出的形态与全连接循环神经网络相同。

简单循环网络有一个中间层，输出层没有反馈，只有中间层有反馈，所以比较简单（见图 5-16）。这个模型由 Jeff Elman 提出，因此又称 Elman 网络。

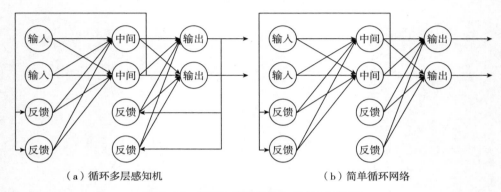

（a）循环多层感知机　　　　　　　　　　（b）简单循环网络

图 5-16　循环多层感知机与简单循环网络

五、循环神经网络的补充

循环神经网络能否解决时间序列的问题？答案是肯定的。尤其像 AR（1）模型一样的形态，符合循环神经网络的定义。如果 10 个月之前或 12 个月之前的数据对现在的情况产生影响，会怎么样？虽然循环神经网络在理论上能处理具有长期依赖性（现在的情况与很久以前的情况有关系的特点）的问题，但是如果人类不在模型上反映这种相关关系，那么循环神经网络就很难学习到这种相关关系。

长短期记忆网络（Long Short Term Memory，LSTM）能学习数据的长期依赖性，其会在循环神经网络节点上添加门（Gate）这一结构后变更信息（见图5-17）。

门不仅能使某些信息被遗忘（完全丢弃或如实地记住，抑或只保留一部分）、被替代或强化，而且对于决定要遗忘、强化的事项，会确定哪些需要输出，哪些需要再次发送反馈。门由具有以上功能的多个神经网络和逻辑运算组成。长短期记忆网络目前已出现多种变化的形态。

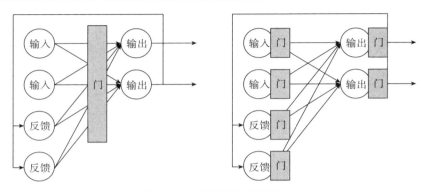

图 5-17 长短期记忆网络

六、深度学习的话题与应用

深度学习要取得成果不依赖于算法，而是取决于数据，因此确保有优质的大量数据并且有效地学习和缩短计算时间是非常重要的。

除了开发新算法，深度学习还在向提高性能的方面发展，即以减少节点的结果值计算的方法开发出替代 Sigmoid 激活函数的修正线性单元（Rectified Linear Unit，ReLU），这是除去部分节点进行计算的丢弃（Drop-out）方式。

到目前为止，深度学习的成果主要集中在图像、音频、视频的识别领域，而在商业上的应用才刚刚开始。最具代表性的机器学习或深度学习的商业服务是 IBM 的沃森，其应用程序编程接口如图 5-18 所示。与其说它是机器学习服务，不如说

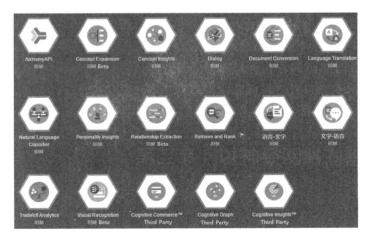

图 5-18 IBM 沃森服务的应用程序编程接口

它是用机器学习开发出的应用服务。沃森提供文本翻译、文档转换、性质推测、关系抽取等服务，人们可直接应用这些服务或应用这些服务后开发出新的服务[①]。沃森的商业模式是收取服务使用费（根据使用时间收费）或重新开发的应用服务中获取收益。

目前除了提供商业服务的数据平台，还出现了免费服务、开放源码的数据平台。假设目前需要分析车辆画面并区分小型车和大型车的功能，如果已有可依据车辆图像将车辆分为轿车、卡车、巴士等十种类型的学习型开放源码产品，那么只需要修改数据输出层，将十种车辆类型改为大型、小型后分析即可。

第三节　以误差为基础的机器学习和以相似性为基础的机器学习

一、机器学习和数据挖掘

在大数据分析中，人们较易混淆统计和机器学习这两个概念，而对于机器学习和数据挖掘（Data Mining）人们更容易混淆。机器学习是用数据学习的方法论，数据挖掘也是从数据中发现有价值的信息的概念，因此不容易区分。其实，并没有区分的必要。到目前为止，数据挖掘在学界应用得较多，而机器学习以后可能会成为新的流行用语。

本章将介绍机器学习方法，到目前为止，已经介绍了以神经网络为基本思路的模型，这些不仅是目前应用的主流，而且将在一段时间内继续引领数据分析主要发展趋势的可能性也很高。但是以其他观点为基础的机器学习模型也有卓越的性能，而且多种以不同观点为基础的机器学习模型可以相互结合，然后共同发展。

介绍机器学习模型，必然会涉及数据挖掘方法，笔者希望大家不要执着于区分机器学习、数据挖掘或统计方法，因为与区分这些相比，如何应用更为重要。本书对机器学习模型进行分类也是为了便于说明，所以希望读者不要过于计较准确性。

---

① 与人类对话的软银机器人 Pepper 就是将沃森（Watson）的软件与机器结合的形态。

二、逻辑回归分析（Logistic Regression）

在介绍机器学习的概念之前，我们回顾一下以线性回归模型进行计算的例子，以及在回归分析中介绍过的、称作二元选择模型的 Logit 模型。Logit 模型用于二选一的情况，同（45 岁，购买）、（50 岁，购买）、（30 岁，不购买）、（20 岁、不购买）一样，如果有按照年龄表示购买与否的数据，就可以根据年龄数据做一个判断购买与否的模型。如果还有其他的数据，例如（44 岁，购买）、（40 岁，不购买），那么有一个客户 48 岁，应该怎么判断其购买与否呢？因为 44 岁以上的客户都购买，40 岁以下的客户都不购买，而 48 岁的客户属于 44 岁以上的客户，所以判断其购买是妥当的。像这样先寻找特征相近或类似的对象，然后判断出与那个对象相同的做法称作以相似性为基础的机器学习。

我们进一步考虑这个问题。如果是 35 岁或者 39 岁的客户会不会购买呢？有可能购买，也有可能不购买，最好显示一下购买的概率。如果有（28 岁，购买）的数据，那么问题会变得更复杂，与具有绝对性的购买与否的结论相比，这种情况下更需要计算出购买的概率。

前文在介绍机器学习初期阶段的回归分析中，推导出"毕业成绩＝w＊入学成绩"这样的式子。在这里，其可以表现为"购买与否＝w＊年龄，购买为 1，不购买为 0"。但是因为与具有绝对性的购买与否的结论相比，购买概率更为正确，所以我们应在比较客户购买的概率和不购买的概率以后再判断客户最终购买与否。那么，就可以应用"购买概率／（1-购买概率）"来替代具有绝对性的购买与否[①]意义的式子。

我们将得出"购买概率／（1-购买概率）＝w＊年龄"这样的式子，这时会产生数学方面的问题。该式左边是 0 到无限大的范围，但是右边可以是负的无限大到无限大的范围，而且该式左边取 ln（自然对数）并整理购买概率时，会得出"购买概率＝（e^w＊年龄）／（1+e^w＊年龄）"这样的式子，需要知道的是，这个式子与 S 形曲线形态的 Logit 函数"y＝（e^x）／（1+e^x）"相同[②]。那么对任何输入值，我们都可以得到购买概率。

---

① 某些事情发生的概率除以某些事情不发生的概率，称作让步比（Odd Ratio），通过相对性的比较构建模型时会使用该比率。

② 在回归分析中，Logit 模型的名称是逻辑回归分析（Logistic Regression Analysis），这个名词由具有使用 Logit 函数意义的逻辑（Logistic）与具有寻找输入与输出之间关系意义的回归（Regression）组成。

三、支持向量机（Support Vector Machine，SVM）

图 5-19（a）中有 A、B 两个分组的点，我们在两个分组之间画线进行区分，得到图 5-19（b）并将线画到最粗，最粗的线如图 5-20（a）所示。

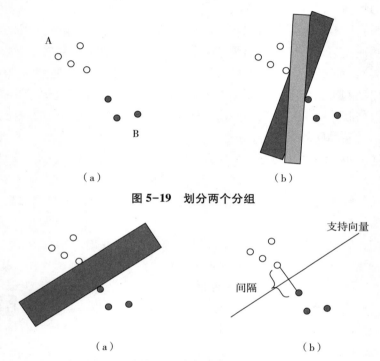

图 5-19　划分两个分组

图 5-20　以最大厚度划分的两个分组与支持向量机

区分两个分组的线的厚度能够显示这两个分组的点之间空余空间的大小。厚度称作间隔（Margin），线称作支持向量（Support Vector）〔见图 5-2（b）〕。当 A 和 B 之间增加新的点时，线可以成为判断新的点属于哪一边（与哪个分组类似）的基准，支持向量比其他的线的准确率更高。利用图 5-21，我们可确认支持向量与其他线的判断准确率差异。

支持向量机是求出对两个分组数据之间的距离（间隔）进行最大化的直线 wx 的问题。完美地进行分割是最理想的状态，称作硬间隔支持向量机（Hard Margin SVM）。如果两个分组的数据排列的点有重叠的部分，则允许有一些误差。将归属判断错误的点与支持向量之间的距离定义为虚拟的变量，对两个分组数据间的距离（间隔）进行最大化，并同时对虚拟的变量值进行最小化，称作软间隔支持向量机（Soft Margin SVM）。如图 5-22 所示的形态无法使用软间隔支持向量机解决。

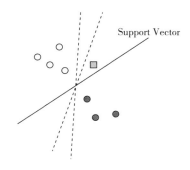

图 5-21 分割线的厚度和判断的准确率

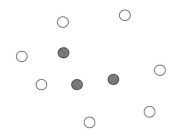

图 5-22 难以分割的数据分布

这时，如果变更维度就会有解决的方法（见图 5-23）。

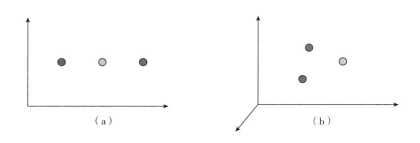

图 5-23 维度的变更

当有两个深灰点和一个浅灰点时，如果增加一个维度，就会得到如图 5-23

（b）所示的形态。如果不太好理解，可将这些点想成汽车，具体见图5-24。

如图5-24所示，如果是二维，这些汽车是排成一行的，但是如果转到车辆的侧面（维度由二维变为三维），就可以使用一条直线进行分割。

图5-24　从侧面区分汽车

变更维度的相似性判断方式，称作软间隔支持向量机和核函数（Soft Margin SVM with Kernel）。核函数①具有变换维度的作用。核函数有很多种，我们要寻找误差较小的。

我们可以将支持向量机看作以支持向量为基准来判断相似性的方法，也可以看作对以支持向量为基准的误差进行最小化的方法。

四、最近邻算法（Nearest Neighbor Algorithm）

以相似性为基准进行判断的方法既简单又有效，我们利用以相似性为基础的机器学习分析判断的原因是，其在数据比较少或者某些部分数据过多，但是几乎没有特定部分的数据时比较有用。

虽然支持向量机是较具代表性和优秀性能的、以相似性为基础的机器学习方法，但是最近邻算法是能够更好地说明以相似性进行判断的方法。该算法不仅容易掌握，而且性能优秀，是能找到离基准最近的点的方法。我们以通过看照片判断内容的问题为例来解释，找一张与某张照片最相似的照片，如果第一张照片是汽车照片，那么我们找到的也应是汽车照片。

我们再看看改善的K-最近邻算法。对于已选择的、与某张照片最相似的K个照片，如果大多数照片的主题是人，那么这张照片的主题也是人。如果选择了3张（K=3）相似的照片，即使最相似的照片的主题是汽车，但是第二张、第三

---

①　看到核函数的作用以后，希望大家能想起作为深度学习模型的卷积神经网络中的卷积。在深度学习模型出现之前，支持向量机是比较容易掌握、计算量较小、能显示出深层神经网络水平的最受欢迎的机器学习模型。

张相似的照片的主题是人时，判断结果也是这张照片的主题人，而不是汽车。

如果按照顺序对不同的点赋予权重并进行相似性判断，就是加权 K-最近邻算法，这个算法的扩展版本就是用于向用户推荐商品的协同过滤算法。

五、协同过滤算法（Collaborative Filtering，CF）

先找到与我类似的人，然后根据共同购买的商品是否多（相似度权重给得高一些）、使用的搜索关键词是否相似（权重给得低一些）来判断相似性。如果与我相似的人购买的商品中有我未购买的商品，那么系统会将这个定为推荐商品发送给我。

这种方法因为以人为基准计算相似度，所以称作基于用户的协同过滤算法（User-based CF）。当我们没有明确的对象时应该怎么做？登录网站后进行活动的人会被网站视为会员，然后可计算出会员之间的相似性。可是大部分人会在未登录网站的状态下浏览新闻，那么应该如何使用协同过滤算法向身份不明确的人进行推荐？如果有个人阅读了 A、B、C 三篇文章，而另外一个人阅读了 B、C、D 三篇文章，那么计算结果是 B 与 C 的相似度高，B（C）和 A、B（C）及 D 之间也存在一定的相似度。如果写文章的人相同，那么可以再增加一些相似度。以商品为基准计算相似性的方式，称作基于物品的协同过滤算法（Item-based CF）。

基于用户的协同过滤算法和基于物品的协同过滤算法可以视作不同的类型。而从应用的观点及根据某些基准聚集和处理数据的角度看时，两者最终又可以看作相同的算法。按照算法，相似度测量方法可以分为多种过滤算法。

那么应该如何测量相似度？一般会使用在统计上经常用到的相关关系公式，这就是应用了皮尔逊相关关系（Pearson Correlation）的协同过滤算法。从商品（物品）构成空间的维度上看时，可以按照空间概念中的距离来测量用户之间的相似度。如果测量的是点之间的距离，那么这个距离就是欧几里得距离（Euclidean Distance）；如果测量的是从原点开始展开的距离，则需要采用以余弦（Cosine）为基准的协同过滤算法。如果需要求出的不是偏好得分，而是偏好顺序，例如我喜欢 A、B、C 的顺序，而有些人喜欢 B、C、F 的顺序，这时可以使用斯皮尔曼相关关系（Spearman Correlation）来判断。因为偏好得分需要结合商品评分、购买次数等因素得出，所以与其直接计算偏好得分，不如进行相对的排序。我们在此基础上更进一步，也可以只将偏好与否作为基准，即对某种商品只确认客户购买与否（0 或 1，即使客户多次购买也看作 1），对某篇文章只确认是否有评分（0 或 1），或者即使根据多种属性得到了偏好得分，也只确认是否有偏好分数，然后通过两个用户之间购买商品的重叠数量来测量相似度。像两人都被确认为 1 的商品数量/用户 A 拥有的被确认为 1 的商品数量+用户 B 拥有的被确认为 1 的商品数量−两人都被确认为 1 的商品数量一样进行相似性度量得到的值称作谷本系数（Tanimoto Coefficient）。对数似然（Log-Likelihood）是在谷本系数基础上确认"两个用户怎样偶然地未重叠"的方法。

协同过滤算法的推荐准确率虽然高，但是具有计算量大的缺点，而且属性（即维度）增加时，其准确率会降低。在二维、三维的情况下能够知道被测量的点之间的距离，进行相似性计算是有意义的。但是在高维度中，因为被测量的点之间的距离的远近没有意义，所以相似性的概念会变得模糊。实际上，这也是大部分机器学习模型共同存在的问题。为了改善这个问题，可以去除没有关联的维度，或者赋予维度不同的权重，这些内容将在后面进行介绍。

第四节　以信息为基础的机器学习

这个部分与"数据学习"相比，更侧重于传统的统计思想，看起来很重视知识与规则。笔者认为，这是与其他机器学习方法差异最大的模型，这里将会介绍最具代表性的数据挖掘模型的关联规则与决策树。

一、关联规则（Association Rule）

关联规则又称关联分析或购物篮分析，在协同过滤算法流行之前，其多用于向客户推荐或搭配捆绑商品，其中一个著名的案例就是尿布和啤酒组合在一起非常畅销。

假设商品的销售笔数一共是 100 笔，尿布的销售笔数是 20 笔，啤酒的销售笔数是 5 笔，尿布和啤酒同时销售的笔数是 2 笔。以这些信息为基础，可以知道购买尿布的 10%（2/20）的客户还会购买啤酒，这个称作置信度（Confidence）。具有这种倾向的人约占整体人数的 2%（2/100），这个称作支持度（Support）。如果这些值超过一定水平，则说明以实际规则认可信息的置信度和支持度很充分。我们现在确认一下最重要的信息。购买尿布时一起购买啤酒的可能性会比只购买啤酒的可能性高多少？如果按照"P（啤酒│尿布）/P（啤酒）"计算，可得出"（2/20）／（5/100）= 2"的结果，即高出 2 倍，这个称作提升度（Lift）。

如果这个值大于 1，则意味着两个商品之间的关联度高，推荐有效果。

因为确定关联规则需要计算目前拥有的所有商品的组合，所以计算量非常大。如果不仅需要计算两个商品之间的关联度，还需要计算三个商品之间的关联度，那么难度会更大。例如，计算销售商品 A 和 B 时，容易一起销售的商品是 C 还是 D。

能够求出关联规则的、具有代表性的算法是 Apriori，其计算量也很大，目前似乎还没有可显著降低计算量的有效算法。在关联规则上增加时间序列的概念，还可以求出序列的相关性。

二、决策树（Decision Tree）

利用性别和年龄段属性能判断出客户购买与否（见表 5-11）。

表 5-11　利用性别和年龄段属性判断客户购买与否

性别	年龄段	客户购买与否
男	20 多岁	未购买
女	20 多岁	未购买
男	30 多岁	购买
男	40 多岁	购买
女	40 多岁	购买

如果以"树"的形态表现规则的集合（见图 5-25），不仅容易理解，还容易应用，但是生成"树"的过程比较麻烦。

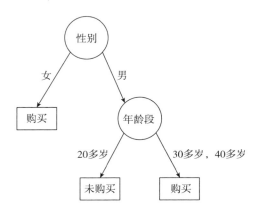

图 5-25　"树"的形态

生成一棵"树"的具体方法是，先选择与客户购买与否关联度最高的属性，然后对已选择的属性进行多种范围组合，并且选择关联度较高的范围组合进行分叉。这里所指的范围组合是像年龄段（20，30&40）、（20&40，40）、（30，20&40）一样的组合。

通常根据所选择的基准决定使用哪种算法，具体有使用卡方统计量的卡方自动交互检测法（CHi-squared Automatic Interaction Detection，CHAID）、使用基尼系数（Gini Coefficient）的分类与回归树（Classification & Regression Tree）、使用F统计量的回归树（Regression Tree）、使用熵和信息增益的ID3[①]等算法。

现在我们了解一下用于ID3算法的信息增益。本部分例子中的信息增益是指从"为了确定某人购买与否而需要知道的总信息量"中减去"知道那个人的性别、年龄段时，为了确定其购买与否而需要知道的信息量"。前后两部分的内容称作熵，后面的内容可以看作知道某个事实时的熵，即条件熵。因为信息增益的计算方法是从需要的总信息量中减去额外需要的信息量，所以可以解释为信息的贡献度。

我们先进行一次计算。用于判断客户购买与否的年龄段属性的信息增益是指"客户购买与否的熵"减去"知道年龄段时，客户购买与否的熵"。之前说过后面的部分是条件熵，那么我们将这个换成数学表达式后进行计算。IG是信息增益（Information Gain）的英文缩写，E是熵（Entropy）的英文缩写，得到：

IG（年龄段，购买与否）= E（购买与否）−E（购买与否 | 年龄段）= E（购买与否）−P（20多岁）E（购买与否 | 20多岁）−P（30多岁）E（购买与否 | 30多岁）−P（40多岁）E（购买与否 | 40多岁）

熵通过比特（Bit）数来测量信息量，为此使用对数（Log），得到：

E（购买与否）= −（购买者数据的数量/整体数据的数量）$\log_2$（购买者数据的数量/整体数据的数量）−（未购买者数据的数量/整体数据的数量）$\log_2$（未购买者数据的数量/整体数据的数量）= −（3/5）$\log_2$（3/5）−（2/5）$\log_2$（2/5）= 0.971

P（20多岁）E（购买与否 | 20多岁）=（整体中20多岁的比率）（只限于20多岁人群的购买与否的熵）= 2/5（−（0/2）$\log_2$（0/2）−（2/2）$\log_2$（2/2））= 0

P（30多岁）E（购买与否 | 30多岁）= 1/5（−（1/1）$\log_2$（1/1）−（0/1）$\log_2$（0/1））= 0

P（40多岁）E（购买与否 | 40多岁）= 2/5（−（2/2）$\log_2$（2/2）−（0/2）$\log_2$（0/2））= 0

---

① ID3先前升级为C4.5，目前升级至C5.0。虽然其被评为准确性较高的算法，但是因为C5.0的专利问题，所以不能在R软件这样的开放源码中使用，只能在收费的几个商业软件中使用。

因此，IG（年龄段，购买与否）= 0.971。

IG（年龄段，购买与否）的计算结果是 0.971，如果要根据这个结果组成决策树，应优先选择信息增益大的"年龄段"形成枝条。

在一般情况下，规则是根据信息制定的。如果信息不充足或信息之间有冲突的部分时，应该怎么做？这个问题不仅在以信息为基础的机器学习中存在，在任何情况下都可以出现，这时需要使用贝叶斯定理来解决。

第五节　以贝叶斯定理为基础的机器学习

一、贝叶斯定理（Bayes' Theorem）

贝叶斯定理是得到新的证据时，对假设的置信程度进行更新的理论。例如，对于"太阳从东边升起"的假设，因为太阳可能从东边升起，也可能不升起，所以刚开始的先验概率是 1/2。当概率反映明天早晨太阳从东边升起的证据后，我们再提高一点概率（这个概率成为后验概率，并且这个后验概率又成为次日的先验概率）。如果之后继续反映证据，那么"太阳从东边升起"这个假设的概率会越来越接近 1。

贝叶斯定理的公式如下：

P（假设│数据）= P（假设）P（数据│假设）/P（数据）

即使不看假设与数据，只看原因和结果也是非常有用的，即"P（原因│结果）= P（原因）P（结果│原因）/P（结果）"。

如果有发热的患者，那么这个患者感冒的概率有多大？发热是作为结果出现的症状，而感冒是原因，因此可以利用"P（感冒│发热）= P（感冒）P（发热│感冒）/P（发热）"进行计算。

假设有 1 个发热的人，而最近在 100 人中，感冒的大概有 5 人［P（感冒）= 0.05］。感冒的人大部分会发热，比率通常为 80%［P（发热│感冒）= 0.8］。发热有可能是因为感冒，也有可能是因为刚刚运动完，在 100 人中，发热的大概有 10 人［P（发热）= 0.1］。根据公式，发热的这个人感冒的概率为 40%。如果最近感冒的人比较多，在 100 人中有 10 人感冒，那么那个发热的人是感冒患者的可能性为 80%。

当有多种症状时，应该怎么计算？我们需要知道的是 P（感冒│发热，流鼻涕，咳嗽），这个与 P（发热，流鼻涕，咳嗽│感冒）形成比例。假设从原因得出的结果都具有独立性，并且可对此进行简单的计算，也就是说，以感冒为前提时，假设发热与流鼻涕相互没有关联性，具体是指发热与流鼻涕是因为感冒才出现，并不是因为发热而流鼻涕（并不能说绝对没有关联，但是这么解释比较好理解）。那么，可用 P（发热，流鼻涕，咳嗽│感冒）= P（发热│感冒）P（流鼻涕│感冒）P（咳嗽│感冒）进行计算。

二、朴素贝叶斯（Naive Bayesian）与隐马尔可夫模型（Hidden Markov Model，HMM）

应用贝叶斯定理，并且当原因成为条件时，假定结果各自独立的形态称作朴素贝叶斯。朴素贝叶斯多用于垃圾邮件的分类，只用"低廉，机会，必读"这样的特定词语来判断垃圾邮件。

P（垃圾邮件│低廉，机会，必读）= P（垃圾邮件│低廉）P（垃圾邮件│机会）P（垃圾邮件│必读）=［P（垃圾邮件）P（低廉│垃圾邮件）/P（低廉）］［P（垃圾邮件）P（机会│垃圾邮件）/P（机会）］［P（垃圾邮件）P（必读│垃圾邮件）/P（必读）］，只要将概率相乘就可以得出结果。

现在我们将问题扩展一下，判断文章表达的内容是正面的还是负面的。判断每篇文章的内容是否正面，只要判断文章是否有正面的词语（如好的、是的、对的）和负面的词语（如不是、完全不）就可以，这个可以通过朴素贝叶斯方法进行判断。但是多篇文章之间通常具有联系，而且每篇文章会受整体文章的影响，所以实际上具有正面内容的文章也可能表达负面的意思。

为了正确理解文章内容，需要考虑目前的文章内容依赖于之前文章的特点，并通过观察（查看当前文章使用的词语和之前文章传达的意思）来推理其状态（当前文章的内容是否正面），这个方法称作隐马尔可夫模型。隐马尔可夫模型具有依赖于前阶段状况的特点，隐藏这个词语有"状态是隐藏"的含义。隐马尔可夫模型可以很好地识别像"辅音之后是元音""动词根据主语的人称产生变化"这样的规则（这两种是韩语的语法规则），广泛用于语音识别。

三、贝叶斯网络（Bayesian Network）

到目前为止，我们了解了一个原因和一个结果的关系。如果多个原因和多个结果有关联，一个结果本身成为原因，并且与其他结果产生关联时会怎么样？例如，感冒、花粉过敏会引起发热、流鼻涕、咳嗽、红疹等症状。当发热严重时，可能会导致休克或死亡，这样的联系称作贝叶斯网络，隐马尔可夫模型和朴素贝叶斯都是贝叶斯网络的一种。如果结果的产生直接依赖的变量没有几个，那么变量之间的关联网络即便很复杂也不会影响判断分析。对于特定事件的概率（例如，死亡的原因是发热，而这个原因可能是感冒的概率），只要将连接成一条线的事件的发生概率相乘就可以得出。

据悉，谷歌的 AdSense 系统使用贝叶斯网络自动设置广告。其以 1 兆个语句和网站用户搜索学习的内容为基础，使用 300 万个以上的箭头符号连接 100 万种变量和 1200 万个（篇）单词及文章后，形成了巨大的贝叶斯网络①。

第六节　机器学习的多种学习方法

机器学习本身就是概念或方法论，而在其一些细节中，还有多种方法论。机器学习通常需要学习"这个是对的"，具体的做法是学习我们所拥有的属性数据，通常是指像"购买与否、是不是垃圾邮件"一样的变量，这些称作标签（Label），又称测试数据的因变量值、Y 值。

一、非监督学习（Unsupervised Learning）

如果没有关于标签的信息，应该怎么做？我们根据以点为判断圆形或四方形的基准信息（标签）对点进行了分类，如果在点上没有标签，只有位置信息，应该怎么做？需要识别人类时，如果有直立的状态、两个胳膊和两条腿的标签就很容易识别，但是如果需要自动辨别和抽取这种特征信息，应该怎么做？

像这样以没有标签的数据进行的学习称作非监督学习，最典型的方法是将相同的种类集中在一起，如可实现聚类（Clustering）的 K-均值（K-means）算法、具有噪声的基于密度的空间聚类（Density-Based Spatial Clustering of Application

---

① 佩德罗·多明戈斯（Pedro Domingos）的《终极算法》（*The Master Algorithm*），以独特的观点简单易懂地说明了一些理论。我们将机器学习分为四种进行了说明，而佩德罗·多明戈斯则将机器学习分为五大学派，即符号学派（逻辑）、联结学派（神经网）、进化学派（基因算法）、贝叶斯学派（图形模型）、类推学派（支持向量）。看了《终极算法》以后，笔者只能对本书中的内容进行修改，或者下次再进行说明。在这次未涉及的内容中，遗传算法（Genetic Algorithm）和模拟算法（Simulated Algorithm）将在修改版或以后出版的《大数据分析案例研究与实务》中进行介绍。

with Noise，DBSCAN）算法。

一般情况下，会有对数据距离进行最小化的中心点。如果分为 2 个簇，那么会有对各个簇的数据的距离进行最小化的 2 个中心点。我们将这个中心点看作均值、将距离看作方差、将分类的簇数看作 K，这就是 K-均值算法。DBSCAN 也是利用数据的位置信息，用密度代替方差。方差小时，密度会高，因此最终看起来差不多。但是 K-均值算法从一开始就寻找 K 个分组，而 DBSCAN 利用周边数据的密度，使各数据形成数据集。不过 K-均值算法存在 K 的设定、初始值设定的问题（最初任意设定 K 个中心点后，在持续转换成方差更小的中心点的过程中，如果错误地设定初始值，就会得出错误的结果），并且当存在异常值或可看作噪声的错误数据时，会出现包含这些数据形成簇的问题[1]。对此，DBSCAN 具有优势。但是，其将周边的数据设定为一个簇，而为了使周边的数据被认定为簇，需要对周边进行定义，即需要设定半径并且确定半径内最少需要几个数据。

如果形成了簇，那么需要在簇上标记号码。为了容易区分，也可以标记名字，这个就成为标签。如果将这个标签贴在数据上进行学习，就会与进行监督学习一样。另外，簇的均值（簇中成员的平均形态）也很重要。如果通过聚类将照片分为猫的照片和狗的照片，那么可以将猫的照片中的平均信息看作可与狗进行区分的猫的平均特征。

与按照种类聚集的方法同样重要的是，找出数据中最重要的属性（维度）。在介绍这个问题之前，我们先看一下主成分分析（Principal Component Analysis，PCA）。主成分分析与线性差别分析（Linear Discriminant Analysis，LDA）都是具有代表性的降维方法。如果数据原本是二维，那么将这些数据匹配成一维就是降维。图 5-26 是降维的两种方法。

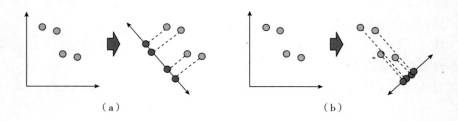

（a）　　　　　　　　　　　　　（b）

图 5-26　数据从二维降到一维

---

① 若反过来将客户分为三个等级，并因此将客户群分成三个，使用 K-均值算法会更好，K-均值算法不会将客户作为噪声排除。

图 5-26（a）中的数据之间的距离（方差）最大，图 5-26（b）中的数据之间的距离最小。主成分分析是将方差进行最大化的方法。如果有各种类型的数据，当要求相同种类的数据集中在一起，不同种类的数据远离时，应该怎么做？

图 5-27（a）不符合以主成分分析对簇进行区分的目的。如图 5-27（b）所示，使相同类型的数据之间的距离最近，不同类型的数据之间的距离最远的方式，就是线性判别分析。

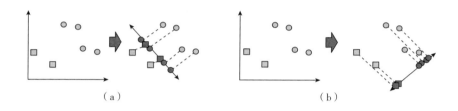

图 5-27　不同分组数据的降维

我们再回到"哪个维度（属性）重要"的问题。重要的属性就是特征，数据特征具有区别于其他数据的性质。如果从相应特征的角度上看，数据之间的方差较大。如果不从特征上看，而是从维度（属性）上看，因为数据不太容易区分，所以距离（即方差）较小。主成分分析的降维就是放弃数据特征意义较小的维度的过程，其结果相当于只选择具有数据特征的维度，生成新的数据。

二、强化学习

机器学习中的所有学习都追求即时结果，但与此相反，对于某种行动或状况，通过奖励或处罚得到反馈的学习方法称作强化学习。

我们看看国际象棋，象棋通常只有在胜负的最后一刻，才能对行动（状况）做出评价。如果经过判断认为走哪一步棋能够获胜（对方无法躲避），那么走向胜利的那一步棋就有很高的价值。虽然不是所有的情况都能决定胜利，但是每种情况都具有价值。即使是最开始走的那一步棋，我们也能根据价值来判断是不是好棋。即使双方走的是同样的棋，但因为双方情况的不同也会产生不同的价值。如果对方不擅长特定模式的棋，那么能导出特定模式的第一步棋要比一般象棋（或其他棋）中的第一步棋具有更大的价值。

为了使奖励最大化，强化学习会一直为达到最高价值状态而行动。但是这么做，有时并不能得到某处最大化的奖励，因此其为达到最高价值状态的行动中也混合有随机的行动方式。

三、元学习（Meta Learning）/集成（Ensemble）学习

元学习是对多种方法进行组合的方法，又称集成学习。在由机器学习算法得到的结果中，如果只使用准确率最高的结果，或者对所有结果进行平均后再使用，就是元学习。现在我们看一下实际中应用较多的元学习，即引导聚集方法和提升方法。

引导聚集方法是指允许训练数据被替代，并随机继续取样的方法。这种方法应用在机器学习模型中以后，以投票的方式对结果进行整合。如果抽取了 10 次样本，就会得出适用的 10 个模型。如果在 10 个模型中有 7 个结果是 A，3 个是 B，那么最终得出的结论是 A。比起简单的多数投票，更需要进行的是对准确率高的模型以增加权重的方式进行投票。这么做的原因是多次抽样会使方差缩小，整合结果降低了训练数据以外的数据敏感度，所以需要增加准确度。

在决策树中，我们先随机选择学习数据，再随机选择属性后生成多棵"树"。这些"树"会成为多棵局部的"树"，最终需要对各棵"树"的结果以投票方式进行整合。像这样将引导聚集方法应用在决策树上的形式称作随机森林（Random Forest）方法。

提升方法与其说是结合各个模型，不如说是一边应用可缩小之前模型的误差的新模型，一边将相同的判定标准反复应用在数据上。该方法会对学习数据赋予权重。每次学习时，赋予错误分类的样本更大的权重，使之前结果不好的样本更容易被抽取，等到下一次学习时，会更关注这个样本。

自适应提升（Adaptive Boosting）方法是通过应用提升方法论的方法将多个性能不佳的模型变成一个性能优秀的模型的概念。

四、总结整理

到目前为止，我们学习了多种机器学习方法。除了机器学习模型的意义以外，我们还学习了简单的算法概念，但我们仍未达到将理论应用于实际的水平。目前已经有很多可以直接使用的、已经开发好的商业模型和开放源码软件，所以掌握更详细的理论，也许没有多大的意义。但是我们下载软件（或者购买）后，通常很难直接上手进行分析，这就需要查记录相关操作经验的博客或参考以后出版的《大数据分析案例研究与实务》的实务篇。

到现在为止，第五章的所有章节就全部结束了。当前机器学习作为人工智能

的解决方法备受业界关注。人们对人工智能的期望是，机器能够像人类一样思考。简单地讲就是，人类要做的分析，机器能够代替人类做，区别是与人类相比，其做得更迅速。

以未来三年为基准，可实现利润最大化的产品生产量应该是多少？如果企业一直保持目前的会员入会率和流失率，那么六个月后的会员数是多少？深度学习能否解决这样的问题？

要回答这些问题，我们需要学习下一章"可直接用于决策的大数据分析"的内容了解模型和模型的意义。

第六章 可直接用于决策的大数据分析

我们思考一下企业或政府可能感兴趣的大数据领域。比起纯粹的工程学或自然科学，该领域更关注经营管理学①，这是需要根据数据分析结果进行决策的领域。以下将介绍可用于生产规划、库存管理、资金调配、运输规划、工厂或店铺选址、质量管理、广告及销售决策的数据分析模型和方法。

第一节 最优化

一、线性规划（Linear Programming）方法

现在我们分析车辆制动系统生产量的问题。某公司生产普通车辆的制动系统和高档车辆的制动系统，生产成品需要经过组装工序和检验工序，每天组装工序用于生产的最长时间是 240 小时，检验工序用于生产的最长时间是 81 小时。如果要延长这些工序运作的时间，除了增加人员以外，还需要扩建工厂并额外引进机器，因此不可能立即延长生产投入时间。组装每个普通车辆的制动系统需要 6/5 小时，检查需要 1/2 小时，而组装和检查每个高档车辆的制动系统则需要 4 小时和 1 小时。另外，每个高档车辆制动系统还需要加装 1 个特殊电路，而电路供应商每天只能提供 40 个特殊电路。因为车辆制动系统很畅销，所以该公司生产的所有产品都能销售给客户。普通车辆制动系统的利润是 20 万韩元，而高档车辆制动系统的利润是 50 万韩元，我们计算一下可实现利润最大化的车辆制动

---

① 计算机科学的算法或图论可以说涉及了更深层次和多样的内容，但是本书将从企业的角度，以解决问题为重点，使用经营管理学中的术语和方法。

系统生产量。

如果要解决这个问题，就先要将问题转换成相应的数学表达式，然后再将数据调整为标准化的形式。目前已开发出求解标准化形态的问题的算法，所以该问题可以得出答案。

现在回顾一下前文通过回归分析的例子介绍的机器学习。前文以数学表达式表现了变量之间的关系，对问题进行了定义（毕业成绩＝w＊入学成绩），而且通过成本函数体现了问题的目的。

该车辆制动系统生产量的问题是要求出普通车辆制动系统的生产量和高档车辆制动系统的生产量。其中，两个生产量就是变量，定为X1、X2。

阅读前文的内容，将变量之间的关系转换成数学表达式，而且只筛选有关变量（生产量）的部分进行更换，并以约束条件为基准来收集内容。

约束条件1：组装工序的最高生产可投入时间是240小时。

约束条件2：检验工序的最高生产可投入时间是81小时。

约束条件3：每天可得到的特殊电路的数量最多是40个。

与约束条件1有关的关系式：普通车辆制动系统与高档车辆制动系统的组装工序时间之和要小于或等于240小时，因此"6/5 X1+4 X2≤240"。

与约束条件2有关的关系式：普通车辆制动系统与高档车辆制动系统的检验工序时间是81小时，因此"1/2 X1+1 X2≤81"。

与约束条件3有关的关系式：高档车辆制动系统的特殊电路投入量每天要在40个以内，因此"1X2≤40"。

此外，生产量要达到0以上，所以"X1≥0，X2≥0"。

那么，这个问题的目的是什么？答案就是对"20X1+50X2"进行最大化。因为机器学习从求解问题时需要考虑的成本的角度看待目的，所以之前以"成本函数"来表示问题目的（算法式角度），而这里由于对问题目的赋予了意义，所以要用"目标函数"来表示。

现在我们将关系式改为标准化的形态，标准化的形态是指整理得"好看"的形态（与不等式相比，进行计算的机器更喜欢等式）。

车辆制动系统生产量问题的标准化形态如下：

Max   20 X1+50 X2

Subject to   6/5 X1+4 X2+S1   = 240

               1/2 X1+1 X2   +S2 = 81

               1 X2   +S3 = 40

X1，X2，S1，S2，S3≥0

  为了将不等式变成等式，这里添加了松弛变量（Slack Variable），然后在目标函数前加上最大化的标记"Max"，并在下面加上约束条件的标记"Subject to"。

  之前介绍过，如果以数学表达式的形态表现问题，就能计算出答案。算法会让我们得到以下三个答案中的一个：

  答案1：不可行（没有满足条件的答案）。也就是说，不能求出既满足约束条件又能实现收益的生产量，这表明问题是错误的。在这个问题中，过高地设定约束条件的可能性很大。

  答案2：无限（即进行无限大的生产，获得无限大的收益）。这个问题也是错误的。在这个问题中，遗漏约束条件的可能性很高。

  答案3：有限的最优解（有答案）。X1（普通车辆制动系统的生产量）是105，X2（高档车辆制动系统的生产量）是28.5，最大利润是3535万韩元。这时最大利润虽然相同，但是生产量可能还有其他答案。

  现在我们看生产量。前面说过高档车辆制动系统的生产量是28.5个，但是能生产半个产品吗？如果必须是28个或29个，即整数才是对的，那么就要使用整数规划法而不是线性规划法。如果要采用整数规划法，就要在关系式"X1，X2≥0"中将X1、X2换成整数。当然，这两种方法的解题算法是不同的。线性规划法可以计算出最优解（如果有最优解），但是整数规划法有时因为难以计算出最优解而提供接近的答案（计算时间也可能比较长）。

  虽然无法生产出0.5个产品，但是如果理解为今天开始生产而且明天继续生产并完成，是不是也可以？线性规划方法的应用前提是目标函数和约束条件是线性的。虽然其在如实反映现实方面可能不太适合，但是用线性接近反映问题有利于人们认识问题本质。就像上面生产0.5个产品一样，如果解释合理，就会很好地解决问题。因此，其结果在很大程度上与分析师的实力有关。线性规划方法除了可用于求解问题的答案，在事后分析方面也有很多用途。

  因为存在约束条件，不能生产更多产品，所以不能获得更多利润。如果放松约束条件，收入也会相应增加。约束条件1是组装工序的最高生产可投入时间是240小时，现在增加1小时变成241小时，然后再求出最优生产量，并与从前的利润进行比较，求出增加的利润。

  增加1小时组装时间和增加1小时检验时间，与增加约束条件3的1个零件所带来的利润增长或贡献度都不相同。

首先将生产投入时间看作组装技术人员或检验技术人员的劳动时间，零件可以看作材料、原料等。如果劳动或原料可以用钱（这里的钱是指市场价格）购买，那么相当于供给没有限制，不会成为问题的约束条件。成为约束条件是指为了得到额外的限定资源而需要支付超过市场价格的溢价（Premium）。前面说过在最优解的情况下，X1（普通车辆制动系统的生产量）是 105，X2（高档制动系统的生产量）是 28.5，如果将这个结果代入约束条件 1、2、3，约束条件 1 和约束条件 2 的"＝"成立，但是约束条件 3 不成立，即并不需要使用购入的全部特殊电路。这时，即使再多购入 1 个特殊电路，也不会引起生产量的变动，利润也不会增加。也就是说，增加部分原料的利润贡献度为 0。换句话说就是，不需要在现有的资源上额外增加资源，因此没必要支付溢价。而通过使用所有既定资源的约束条件 1 和约束条件 2 求出组装技术人员和检验技术人员的劳动每增加 1 小时的额外贡献度后，可以判断哪种方式更有价值。

　　现在我们梳理一下整体内容。作为约束条件的原料或劳动供给每增加一个单位所带来的利润增长部分是市场价格以外的额外贡献度，属于溢价，又称影子价格（Shadow Price）。如果不是利润最大化，而是在生产量超过一定数量的情况下使成本最小化的问题，则称作缩减成本（Reduced Cost）。这两个是直观意义上的问题名称，而在数学表达式的角度上，则称作对偶变量（Dual Variable）（在线性规划问题中，经常存在与原来的问题对称的对偶问题，因此称作对偶变量）。

二、敏感性分析（Sensitivity Analysis）

　　我们在目前的情况下求出了生产量的最优解，并进行了最优决策。如果情况发生改变，或者当想要获得更多的收入时，应该如何做出决策？我们看看以下问题：

　　如果因为高档车辆制动系统的生产成本降低（或者销售价格上涨），每个产品的净利润从 50 万韩元增长到 60 万韩元，应该如何修改生产计划？

　　如果另外雇用组装技术人员，会使组装工序的生产投入时间从 240 小时增加到 250 小时。这时，利润会增长吗？如果 1 台检验机器因故障无法使用，导致检验工序的生产投入时间从 81 小时下降到 70 小时，这时应该怎么做？

　　这样的情况，因为是目标函数的系数产生变化，或者约束条件的右端项产生变化，所以按照变化的关系式再求解答案就可以。

　　我们再看看其他问题。可以不变更生产计划的单件净利润的变化范围是多少？不会改变最佳生产量的约束条件的变动范围是多少？只要在解答线性规划问题的软件上设定敏感性选项，然后再确认范围就可以。图 6-1 是 R 的 lp_ solve package 中的敏感性分析结果画面。上面三项是约束条件右端项的范围，下面四项显示的是目标函数的系数，'From-Till' 没有改变当前最佳目标函数值的范围。

```
Dual values with from - till limits:
                  Dual value            From              Till
THISROW           0.03448276            52.2              142.042
THATROW           0                     -1e+030           1e+030
LASTROW           0                     -1e+030           1e+030
COLONE            1                     -1.943598         61.66667
COLTWO            0.3013793             -0.6355993        0.5123946
COLTHREE          6.24                  -4841.16          0.7016799
COLFOUR           0                     -1e+030           1e+030
```

图 6-1　R 的 lp_ solve package 中的敏感性分析结果

如果再生产作为新产品的高档摩托车的制动系统，应该怎么做？摩托车制动系统的组装工序需要 4 小时，检验工序需要 1 小时，并且需要 1 个特殊电路。因为组装工序的影子价格是 25/4，检验工序是 25，特殊电路是 0，所以因生产摩托车制动系统而损失的利润是 50（=4*25/4+1*25+1*0）。那么，只有净利润在 50 以上的情况下才能实行摩托车制动系统的生产计划。

这种情况是另外引入新变量的问题。如果增加新的约束条件，或者变更约束条件的系数，需要重新求解后再进行判断。

三、应用整数规划和目标规划方法的线性规划模型的扩展

像飞机的生产数量和是否开展工作一样不允许进行分割的情况，即在数学中变量只能采用整数的情况，称作整数规划方法。我们应用整数规划方法，先将选择题变成数学表达式。

如果要增加车辆制动系统的生产量，就要制定相应的投资计划。如果扩建工厂，未来可获得的总利润是 500 亿韩元；如果工厂更换新型设备，可获得的总利润则是 300 亿韩元。目前，该公司第一年的可用资金是 300 亿韩元，第二年的可用资金是 200 亿韩元。而扩建工厂第一年所需要的资金是 300 亿韩元，第二年是 100 亿韩元；更换设备第一年所需要的资金是 100 亿韩元，第二年是 150 亿韩元。

假设 X1 是工厂扩建计划，X2 是设备更换计划，那么设定 "X1 = 1（促进工厂扩建），X1 = 0（取消工厂扩建），X2 = 1（促进设备更换），X2 = 0（取消设备更换）" 后，得到数学表达式如下：

Max　　　　500 X1+300 X2

Subject to 300 X1+100 X2≥300

100 X1+150 X2≥200

X1，X2 是 0 或 1

现在将固定成本问题变成数学表达式。固定成本与生产量的多少无关，不生产产品时不发生，只要开始生产产品就会发生。

假设可变成本是 a，那么生产量 X 大于 0 时，总成本是"一定数额的成本+a＊X"，生产量 X 是 0 时，总成本是 0。如果增加任意变量 Y，会随着 X 的变化产生或消除一定数额的成本，生产产品时，X>0，则 Y＝1，不生产产品时，X＝0，则 Y＝0，那么总成本是"一定数额的成本＊Y+a＊X"。因为是总成本最小化的问题，如果直接解题，会与 X 不相关，经常成为 Y＝0 的状态。为了保持 X 与 Y 的关系，需要增加约束条件。因此，将约束条件设定为"M＊Y≥X"（但 M 是非常大的数值）。如果 X 大于 0，Y 会一直是 1；如果 X 是 0，Y 会是 0 或 1，因为是总成本最小化的问题，所以 Y 自动成为 0。

到目前为止，我们讨论了需要满足所有约束条件的问题。如果在 3 个约束条件中，至少满足 2 个，或者在 2 个约束条件中，只需满足 1 个，应该怎样转换约束条件？具体的方法如以上所述，人为地安排大的数值，使约束条件失去意义。我们通过表 6-1 加深理解。

表 6-1　转换约束条件的方法

区分	原约束条件	转换的约束条件
两个中只满足一个	X1+2X2≤4 2X1+3X2≤17	X1+2X2−M＊d1≤4 2X1+3X2−M＊d2≤17 d1+d2≤1 d1，d2 是 0 或 1
三个中只满足一个	2X1+3X2−X3≤4 X1−2X2≤6 X2≤1	2X1+3X2−X3−M＊d1≤4 X1−2X2−M＊d2≤6 X2−M＊d3≤1 d1+d2+d3≤2（从 3−1=2 开始） d1，d2，d3 是 0 或 1
三个中满足两个	2X1+3X2−X3≤4 X1−2X2≤6 X2≤1	2X1+3X2−X3−M＊d1≤4 X1−2X2−M＊d2≤6 X2−M＊d3≤1 d1+d2+d3≤1（从 3−1=2 开始） d1，d2，d3 是 0 或 1

我们看看完成既定目标的问题，可能不像利润最大化一样只有一个目标，而是像利润和市场占有率通过价格维持和产品多样化分散风险一样，同时考虑多个目标的问题。如果考虑目标水平后重新表现目标，那么对目标的超出值（d^+）和未达到目标的值（d^-）进行最小化就是目标函数。

在车辆制动系统生产量的问题中，这家公司为了应对外边的变化，进行了结构调整，并且未将利润最大化作为目标，而是以获得令人满意的利润（假设是3000万韩元）作为目标。构建模型如下：

Min $\quad d^+ + d^-$

Subject to $\ 6/5\ X_1 + 4\ X_2 \geqslant 240$

$\qquad\qquad 1/2\ X_1 + 1\ X_2 \geqslant 81$

$\qquad\qquad\qquad 1\ X_2 \geqslant 40$

$\qquad\qquad 20\ X_1 + 50\ X_2 - d^+ + d^- = 3000$

$\qquad\qquad X_1,\ X_2,\ d^+,\ d^- \geqslant 0$

现在探讨一下同时考虑两个目标的情况。因为组装工序上的新员工较多，需要尽可能多地积累经验，所以将3000万韩元的利润作为首要目标，且为了新员工的实际培训，将组装工序的空闲时间最小化。第二个目标是用尽作为约束条件的240小时的组装工序的生产投入时间。先定义组装工序目标时间的超出值（e^+）和未达到的值（e^-），然后与利润目标的超出值和未达到的值进行排序。

Min $\quad M_1 * d^+ + M_1 * d^- + M_2 * e^-$

Subject to $\ 6/5X_1 + 4X_2 - e^+ + e^- = 240$

$\qquad\qquad 1/2X_1 + 1X_2 \geqslant 81$

$\qquad\qquad\qquad 1X_2 \geqslant 40$

$\qquad\qquad 20X_1 + 50X_2 - d^+ + d^- = 3000$

$\qquad\qquad X_1,\ X_2,\ d^+,\ d^-,\ e^+,\ e^- \geqslant 0$

这里的M_1、M_2是非常大的值，而且$M_1 > M_2$。

因为约束条件是将组装工序的空闲时间最小化，所以与超出组装工序目标时间的部分无关，只要留意不足的部分就可以，而且因为M_1大于M_2，所以利润目标会先完成。

在此基础上，我们扩展一下内容，将目标利润定为以高于正常生产水平的生产能力才能达到的4000万韩元。那么，组装工序和检验工序的生产投入时间必然都会增加。对此，公司想尽量不增加人员，而是通过超时生产解决问题。我们将增加的组装工序生产投入时间每小时的成本设定为1，将增加的检验工序生产投入时间每小时的成本设定为 2（除了进行准确的计算以外，还可以按照组装工人和检验工人的相对价值进行计算）。如果定义检验工序生产投入时间的目标（最好是用尽 81 小时，因此将 81 小时作为目标）超出值为"f^+"，未达到的值为"f^-"，数学表达式如下：

$$\text{Min} \quad M1 * d^+ + M1 * d^- + M2 * e^- + 2 * M2 * f^-$$

$$\text{Subject to} \quad 6/5X1 + 4X2 - e^+ + e^- = 240$$

$$1/2X1 + 1X2 - f^+ + f^- = 81$$

$$1X2 \geqslant 40$$

$$20X1 + 50X2 - d^+ + d^- = 4000$$

$$X1,\ X2,\ d^+,\ d^-,\ e^+,\ e^-,\ f^+,\ f^- \geqslant 0$$

这里的 M1、M2 是非常大的值，而且 M1>M2。

四、网络流（Network Flows）问题

网络流的问题可以通过整数规划模型来表现，但是因为有很多特定网络结构的应用问题，而且与此对应的特定算法也很多，所以最好掌握一些具有代表性的网络流问题[1]，具体如表 6-2 所示。

表 6-2　部分网络流问题

网络流问题	示例	说明
最小费用流（Minimum Cost Flow）	将产品从工厂运输到仓库，在城市中的汽车运输路径	目标：通过网络，以最低的费用运输商品 约束条件：从其他地点（节点）提供的供给量要满足特定地点（节点）的需求量。节点与节点间的连接，即每个箭头（弧，arc）都产生费用
最短路径（Shortest Path）	两个地点之间费用（距离）最少的路径，两个地点之间最安全的路径	目标：费用（距离）最少的路径 约束条件：特定的起始点与特定的到达点
最大流（Maximum Flow）	通过输油管网络运输石油，通过路网实现车流最大化	目标：最大流 约束条件：特定的起始点与特定的终点。在弧中存在流量的约束（最大流），不存在成本的约束
分配（Assignment）	人与项目，工作与机器	目标：最低费用的配对 约束条件：一个分组的节点只连接其他分组的一个节点。同样大小的两个分组，只在两个分组间有弧

---

[1]　参考了 Ahuja Ravindra K. Magnanti Thomas L. 和 Orlin James B. 的 *Network Flows：Theory*，*Algorithms*，*and Application*，其中详细记载了各种网络流问题的应用领域和算法。

续表

网络流问题	示例	说明
运输 （Transportation）	将商品从多个仓库分配到多个销售点	目标：最小费用流 约束条件：向一个分组的所有节点供货，其他分组的节点则根据需求供货
最小生成树 （Minimum Spanning Tree）	建设可连接所有城市的道路	目标：得到最低费用的生成树 约束条件：生成树是连接所有节点的连通图（Graph）
匹配 （Matching）	飞行员与飞机，分配室友	目标：达到某种基准最优的匹配（匹配的节点对的数量最大化，匹配的权重的最大化或最小化） 约束条件：节点分为两个分组，并且只有两个分组间有弧

对于最小费用流问题，我们只看数学模型。对于其他问题，我们只看它们与最小费用流问题之间数学表达式的差异。最小费用流的网络结构具体如图6-2所示。

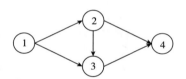

图6-2　网络结构

依据图6-2，我们可将节点1到节点2的流量定义为 $X(1, 2)$，将连接节点1和节点2的弧的费用定义为 $c(1, 2)$，那么目标函数会以费用乘以流量的形态表现所有的弧，具体如下：

Min $c(1, 2) * X(1, 2) + c(1, 3) * X(1, 3) + c(2, 3) * X(2, 3) + c(2, 4) * X(2, 4) + c(3, 4) * X(3, 4)$

约束条件是"从特定节点流出的量减去进入的量等于自身需求量"，因此以"流出的量−进入的量＝需求量"的形式表现所有节点，具体如下：

$X(1, 2) + X(1, 3) = b(1)$

$X(2, 3) + X(2, 4) - X(1, 2) = b(2)$

$X(3, 4) - X(1, 3) - X(2, 3) = b(3)$

$-X(2, 4) - X(3, 4) = b(4)$

因为所有节点上的需求量之和是 0（负的需求量是供给量），所以"b(1) + b(2)+b(3)+b(4)= 0"。

每个弧都有容量限制，即各节点之间的流量有最小值和最大值。我们将最小值定义为"l"，将最大值定义为"u"，具体如下：

l(i, j)≤X(i, j)≤u(i, j)

该式就是最小费用流问题的数学表达式，其他问题大部分都由最小费用流构成。

对于最短路径问题，我们可以将起始节点的需求量设定为 1，将到达节点的需求量设定为−1，将其他节点的需求量设定为 0，即特定起始节点为 s，特定到达节点为 t 时，"b(s)= 1，b(t)= −1"，其他节点都是"b=0"。

对于最大流问题，可以将所有节点的需求量设定为 0，并将所有弧的费用设定为 0 以后，增加连接到达节点和起始节点的弧，并将弧的费用设定为−1，流量设定为无限大。

分配问题和运输问题不需要进行设定，只要画好网络结构后，像最小费用流问题一样将其转换成数学表达式就可以。

对于目前我们所掌握的网络流问题，实际上还有很多求解算法。如果要应用免费或商业软件，不需要搜索算法名称，只搜索问题的名称就可以。最小生成树问题也可以直接搜索问题名称，或者通过最小生成树搜索。最小生成树的求解算法有 Kruskal、Sollin 等，当然也可以应用线性规划或整数规划的算法（线性规划方法有 Simplex 算法，整数规划方法有剪枝算法和 Simplex 算法的结合等多种算法）。

到目前为止，我们学习了一些最优化问题。与统计或机器学习相比，最优化问题不仅模型很明确，而且结论或过程也很明确，所以学习时比较容易理解，但是解决最优化问题需要定义问题和使用数学表达式进行表达。另外，学习最优化时，我们需要掌握有关分析模型的知识与应用领域的知识。

第二节　可进行预测和估算的随机过程模型

之前学过的机器学习也可以用于公司决策的最优化选择和预测，但是机器学习的算法本身已有固定的分类，如果要将其用于公司决策所需要的预测，就要修改和完善算法。随机过程模型同最优化问题中的模型一样，按照既定的形式构建以后，就可以像公式一样使用。

一、马尔可夫链（Markov Chain）

为求解以下问题，我们简单了解一下马尔可夫链。当未来的概率与过去无关，只与当前状态有关时，称作马尔可夫过程（Markov Process）。数学中具有马尔可夫性质的离散时间随机过程，称作马尔可夫链。

假设目前某一产品维持的客户约有1000万名，本月购买该产品的客户有600万名，那么下个月购买该产品的客户会有多少？3个月以后购买该产品的客户会有多少？如果这种状态持续下去，最终购买该产品的客户规模应该达到什么水平？如果实施客户营销计划，使客户再次购买该产品的比率提高3%，那么购买该产品的客户数量增长了多少？

我们要通过每月的数据统计工作，掌握客户的购买倾向，并确定这种倾向会保持一定水平。目前所掌握的倾向如下：

未购买该产品的客户，在下个月购买该产品的倾向是20%（如果未购买产品的客户是1万名，那么其中2000名客户将在下个月购买该产品；如果未购买该产品的客户是100名，那么其中20客户将在下个月购买该产品。比率保持一定水平）。

购买该产品的客户在下个月不购买该产品的倾向是30%。购买该产品的客户继续购买该产品的倾向是70%。未购买该产品的客户在下个月仍然不购买该产品的概率是80%。整理这种倾向的表格，称作转移概率表（见表6-3）。

在这两种状态（未购买、购买）中，客户每个月处于其中的一种状态。现在求解当月未购买该产品的客户在下个月也不购买该产品的概率。下个月不购买有"当月未购买，而且下个月也不购买"和"当月已购买，但是下个月不购买"的两种可能性。各种概率已在表6-3中明确表示。

表6-3 转移概率表

当月 ＼ 下个月	未购买该产品的客户	购买该产品的客户
未购买该产品的客户	80%	20%
购买该产品的客户	30%	70%

因为客户当月未购买该产品，所以当月不购买该产品的概率是 1，当月购买该产品的概率是 0（已确定）。那么，下个月也不购买该产品的概率用数学表达式表示如下：

P（当月未购买）* P（下个月不购买｜当月未购买）+P（当月购买）* P（下个月不购买｜当月购买）= 1 * 0.8+0 * 0.3 = 0.8

对于当月未购买该产品的客户在下个月可能购买该产品的概率，同样通过考虑两种可能性求解，数学表达式具体如下：

P（当月未购买）* P（下个月购买｜当月未购买）+P（当月购买）* P（下个月购买｜当月购买）= 1 * 0.2+0 * 0.7 = 0.2

如果要求解当月未购买该产品的客户在 2 个月后仍然未购买该产品的概率，可以利用刚才求解的概率，将"当月"改为"1 个月后"，数学表达式如下：

P（1 个月后未购买）* P（2 个月后未购买｜1 个月后未购买）+P（1 个月后购买）* P（2 个月后未购买｜1 个月后购买）= P（1 个月后未购买）* P（下个月不购买｜当月未购买）+P（1 个月后购买）* P（下个月不购买｜当月购买）= 0.8 * 0.8+0.2 * 0.3 = 0.7

当月未购买该产品的客户在 2 个月后可能购买该产品的概率如下：

P（1 个月后未购买）* P（2 个月后购买｜1 个月后未购买）+P（1 个月后购买）* P（2 个月后购买｜1 个月后购买）= P（1 个月后未购买）* P（下个月购买｜当月未购买）+P（1 个月后购买）* P（下个月购买｜当月购买）= 0.8 * 0.2+0.2 * 0.7 = 0.3

3 个月后和 4 个月后客户购买该产品的概率也可以使用同样的方式求解，N 个月后客户购买该产品的概率是第 N-1 个结果概率乘以转移概率。当月购买该产品的客户在 1~N 个月以后购买该产品和未购买该产品的概率也可以使用同样的方式求出（将作为初始概率的当月购买概率设定为 1，当月未购买的概率设定为 0，并按照同样的方式求解）。下面求解从现在开始到 3 个月后客户未购买该产品和购买该产品的概率。

如果未购买该产品（处于未购买状态的概率，处于购买状态的概率），具体如下：

现在（1，0），1 个月后（0.8，0.2），2 个月后（0.7，0.3），3 个月后（0.65，0.35）。

如果购买该产品，具体如下：

现在（0，1），1 个月后（0.3，0.7），2 个月后（0.45，0.55），3 个月后（0.525，0.475）。

现在我们看看需要求解的问题：当月购买该产品的客户数量是 600 万名时，下个月购买产品的客户会有多少？3 个月后会有多少？

下个月购买该产品的客户数量是"当月未购买，但是下个月购买的客户"和"当月购买，下个月也购买的客户"，因此"400 * 0.2+600 * 0.7 = 500 万名"。

3 个月后购买产品的客户数量是"当月未购买，但是在 2 个月后购买的客户"和"当月购买，2 个月后再购买的客户"，因此"400 * 0.3+600 * 0.55 = 450 万名"。

我们看一下按照这个状态持续发展时，最终购买产品的客户数量。因为像"最终"这样的期间没有实质的意义，所以求出 1 年，即从现在起 12 个月的概率后进行估算，那么就需要进行 12 次计算。经过一段时间以后，如果客户购买与不购买产品的概率与客户初始的状态无关，客户购买和未购买产品的概率相同，且这个概率将继续保持一致（马尔可夫链的特点），这个称作稳定状态的概率。如果将这种状态看作最终状态，那么会比计算 12 次更快捷地求出答案。

因为是稳定状态，所以（未购买概率，购买概率）等于（未购买概率，购买概率）乘以转移概率（矩阵）。只要求出这个条件和数学表达式"未购买概率+购买概率 = 1"就可以求解联立方程式。实际的计算方法如下：

未购买 = 0.8 * 未购买+0.3 * 购买，购买 = 0.2 * 未购买+0.7 * 购买

也就是说，"0.2 * 未购买 = 0.3 * 购买（重复出现）"，如果与式子"未购买+购买 = 1"一起求解，则"未购买 = 0.6，购买 = 0.4"。

因为现在有 1000 万名客户，所以（与现在购买该产品的客户数量无关的）最终购买该产品的客户数量是"10000000 * 0.4 = 4000000 名"。

现在求解最重要的问题。像"具有固定的购买倾向"这样的假设因与实际不符而使购买该产品的客户数量的估算没有意义，但是将其用在以下问题上还是有价值的：如果实施营销计划，使购买该产品的客户再次购买的比率增长 3%，那么购买该产品的客户数量会增加多少？

这个问题很容易解决。只要制作一个新的转移概率表就可以（将购买该产品的客户在下个月也购买该产品的 70% 的概率增加到 73%，并将购买该产品的客户在下个月不购买该产品的 30% 的概率降低到 27%），并按照上面的方法求解未来各期间购买该产品的客户数量后，与使用原来的转移概率表求出的购买该产品的客户数量进行比较就可以。如果以稳定状态的概率估算客户增长量，就可以得出与期间无关的成果测量指标。

如果将客户再次购买该产品的比率设定为像 3%、5%、1% 一样可以实现的

目标以后计算未来购买该产品的客户数量，就等于进行了非常有意义的模拟。

二、排队（Queueing）

某客户为了申请贷款，去了一家银行。这家银行有两个贷款窗口，这位客户前面已经有五个客户在等待，那么这个银行是否要增加窗口？

去银行的客户数量并不均匀，窗口的服务时间也不均匀。在这样的情况下，与求解最优化问题相比，观察针对目前情况的效果指标后进行决策会更好。

"每小时到达的客户数量"除以"每小时服务的客户数量"的值称作"窗口的效率性"，这是很好的效果指标。除此之外，到达银行的客户需要等待的概率、窗口休息的概率、银行内有 N 名客户等待的概率、在银行的平均客户数量、一个客户在银行的平均时间、一个客户在获得窗口服务之前需要等待的平均时间、等待的客户的平均数量等效果指标也是非常有价值的。

应用排队理论可以得到这些效果指标的信息。如果能提供银行营业场所的结构（服务窗口数量）、客户到访模式（到访时间间隔）、服务时间模式（分布）信息，就可以从排队模型中得出效果指标，我们可以利用这些信息决定是否增加服务窗口。如果能明确增加设备的费用和对由增加设备而提升的服务等级赋予数值，就可以按照最优化问题求解。

在 R 软件中使用排队模型时的命令如下：

QueueingModel（NewInput. MM1（lambda = 1/4，mu = 1/3，n = 0））

我们看看排队模型的标记方法：对于主要以"M/M/1"表示的排队模型，第一个 M 表示来访者的分布信息，从严谨的角度来看，是来访者之间的时间分布；第二个 M 是窗口服务所需时间的分布；最后一个 1 是指服务窗口的数字。除了"M/M/1"之外，经常出现的形态有"M/M/k""M/G/k""G/M/k"。这里的 M 是指指数分布或泊松分布（Poisson Distribution），G 是指虽然知道均值与方差，但是没有特指哪种分布的一般分布（General Distribution）。

到访银行的客户 A 和客户 B 是否有关联？人们通常认为客户 A 到访的时间与客户 B 到访的时间没有任何关联。根据客户的性格和客户办理业务的复杂性，银行提供服务的时间会不同，因此认为银行接待客户 A 的时间（所需时间）和接待客户 B 的时间互不关联也是合理的。这时的分布是指数分布（银行接待客户所需时间的角度）或者泊松分布（每小时到访客户数量的角度），具有不记忆之前状态的特点，因为与马尔可夫过程有关系，所以表示为 M。

服务时间相对固定的情况也很多。如果有标准服务时间（平均），而且处理时可能会多需要一点时间或更快完成（这个变动幅度是方差），这样的情况称作一般分布，用 G 来表示。

在 M/M/k 中，第一个 M 是泊松分布（每小时到访客户数量的角度），以"每小时到访客户数量的平均值"为参数，这些信息需要一起提供（在 R 软件中以"lambda"来表示）；第二个 M 是指数分布（银行接待客户所需时间的角度），以"每小时服务客户数量的平均值"为参数，这些信息也都需要一起提供（在 R 软件中以"mu"来表示）。

排队模型经常使用与前文一样的肯德尔（Kendall）标记法，但是因为每种软件都有一些差异，所以需要仔细阅读软件使用说明书。"M/M/1""M/M/k""M/G/k""G/M/k"是基本模型，除此之外还要根据来访的客户对象数量不是非常多（这时通常假设为无限大）的情况、不接待先到访的客户而是先接待后到访的客户的情况、对优先顺序靠前的客户先提供服务的情况（急诊患者优先）、多个阶段（认证、审核后接待）的情况，设定额外的信息。

三、模型和数据

目前本书只介绍了两种随机过程模型，并且仅对这两种模型的一部分内容进行了简略的说明。实际上，这两种模型的内容非常多，应用领域也非常广泛，在这里不多做介绍的一部分原因是考虑本书中多个主题之间的均衡性，更主要的是理解和说明这些理论有相当大的难度（在这里，笔者坦白自身的局限性。如果想了解更深层次的多种模型，希望读者咨询相关领域的专家）。

既然有这么好的模型，为什么在实际业务中难以应用？在这里我们只讨论数据处理问题。请大家回顾一下马尔可夫链的问题，如果要应用该模型进行分析，就要制作转移概率表，问题是制作这个表并不容易。

通常一个事件由一组数据组成，如购买日期、客户编号、购买的商品编号、购买价格等。每月对数据进行合计（统计当月的数据个数），就可以得出"1 月购买某产品的客户数量"等统计结果。

如果要制作转移概率表，就要有不同的组合。例如，要确认"1 月购买某产品，2 月也购买某产品的客户数量"。因为需要参考的内容很多，并且还要以个人为单位进行计算，所以需要花费相当多的时间。另外，不仅是普通人，连处理数据的专业人士也习惯于"1 月购买某产品的客户数量"这样的合计概念，会对"1 月购买某产品，2 月也购买某产品的客户数量"这样的数据组合感到陌生。

应用模型时，需要组合数据的情况很多，同时在公司环境中，需要进行与统计中的预处理不同的数据处理，这个部分将在后面的章节进行说明。

第三节 以脚本为基础的模拟

预测会产生多少作用？如果能预测一个月以后的销售量，那么对于公司哪方面有好处？使用通过时间序列分析方法预测的销售量可以做的事情都有哪些？利用回归分析考虑平均气温并预测的销售量是多少？

如果说数据分析没有任何用处，则意味着使用者没有什么应用能力。大家通常对数据分析做出的评价是"虽然可以作为参考，但是对业务没有太大帮助"。本书在前文介绍了有关各分店销售目标完成率这样的分析，指明公司进行数据分析是为了达成目标进而促使组织运转的作用。因此，如果预测结果是大家都知道的，或者组织什么都不需要做（或者对方组织什么也不需要做），只预测由气温或季节等外部变量决定的被动情况，那么预测结果会被认为对决策没那么重要。

我们再了解一下不单纯以过去的数据为基础进行分析，而是可生成企业能直接应对的策略，像降价和促销活动一样的脚本分析的方式。

首先，制定在市场上可以发挥企业影响力的营销政策，具有代表性的是降价与涨价、广告或促销政策。做出这些政策，不仅需要依据随着价格变动而变化的销售量数据，而且还要依据促销方面的成果分析数据。如果没有这样的数据，就要从现在开始积累，或者通过市场调查获得大概的信息。

基于过去积累的产品价格与销售量数据，可以估算出产品需求曲线，我们想直接应用的是"价格弹性"数据。根据价格的变动幅度，还可以知道销售量增加或降低的幅度①。

其次，根据政策预测将要发生的状况。实行降价政策时，可根据大幅降价、小幅降价等各种情况，计算预计收益，并将收益最高的政策定为脚本。如果能将这个部分组建成最优化模型，就可以立即制定收益最高的最优价格政策。

以上就是以脚本为基础的模拟。模拟之后的操作也很重要，不仅需要根据脚

---

① 根据企业是否拥有支配市场的地位，应用不同的方法。如果有竞争企业，还要考虑竞争企业的反应。与此相关的博弈论、经济模型和以实际脚本为基础的模拟案例将在《大数据分析的案例研究与实务》中进行介绍。

本设定目标，而且要确定产品销售量和可以支撑产品销售量的生产量。此外，不仅要考虑产品从开始运输到抵达销售场所的时间间隔，还要考虑产品从多个生产工厂到多个仓库、销售场所的分配问题。

如果确定了产品生产量，那么就要向下分派生产计划，即制定各个部门、各种产品、各种零件的生产计划，整合后再进行探讨，这个是资源运营计划（Planning）阶段。之后，对生产计划与实际生产能力之间的差距（Gap）进行分析，并在变更脚本或修改运营计划时反映这些内容①。

如果是具有一定规模的公司，在制定详细计划时，要在数百万个单元格（Cell）中迅速地进行模拟分析。单元格是作为分析对象的多维数据集，其数量等于各维度的组合数（例如，产品＊地区＊期间的组合数）。这样的分析从网页画面的角度上来看，很难在一般的网页画面的基础上进行；在数据处理方面，则与之前以流量为概念的数据处理一样，存在大量数据的组合与计算量的问题，并且需要脱离通常的数据仓库概念的、允许回写（Write-back）的系统架构（分析系统已清洗数据的管理领域，不仅允许查询，还允许写入结构）。

著名的统计学家伯克斯（Box）有句名言："所有模型都是错的，但有些是有用的。"② 学习数据分析方法后，我们知道了分析模型有用与否取决于数据，而分析模型是否能成功分析，取决于应用分析模型的人和这个人所属的组织、执行分析模型的分析系统。

---

① 实际上，应用这种系统的企业会每天进行模拟，并以周为单位制定计划、进行评价。
② 出自 George E. P. Box 的 *Essentially, all models are wrong, but some are useful*。

第七章　数据科学家

本章将谈论有关数据分析师（科学家）的内容，需要强调的一点是，数据分析师（科学家）是专家。但是专家有一种倾向，就是将数据自然地套进自己所了解的分析知识（模型或系统）中进行分析。不过，比起专业知识，我们更应该注重运用合理的分析方法，为了进一步强调这一点，我们将利用自己了解的分析知识分析数据的专家称为数据科学家。

第一节　数据科学家的面貌

我们观察了表现数据意义、推测和掌握数据意义、进行决策的三大数据分析方法。实际上，我们很难掌握所有的分析模型，而且未在本书介绍的模型也有很多。同时，理解模型和熟悉求解模型的算法也并不是一回事。

笔者在本书中说明了模型的概念和用途，并且建议大家在利用模型求解答案时使用软件。但是在应对复杂的实际问题时，可能需要修改模型或单独开发更高效的算法。那么，数据科学家们一定要懂得这些吗？笔者认为不需要，这样有难度的工作应该由相关领域的专家去做。目前已经有很多时间序列专家、网络最优化专家、排队模型专家。面对有难度的工作时，数据科学家需要有能力判断是否需要相关专家的帮助，必要时定义具体问题，定义应该得出的结果。因此，数据科学家应该能自行完成简单的引导。在此基础上，如果再有充分掌握、可以任意使用的"绝招"就更好了。

虽然目前处于大数据时代，但是有充足的数据用于分析的情况几乎不存在，大部分分析都是因为没有数据而无法进行。但是数据科学家不能因此而停下脚步，而应以积极的态度解决问题，不仅要考虑进行某种重要的分析时需要的数据，还要考虑怎样才能掌握必要的数据。

第二节　对分析必要性的判断

我们来看营销课堂中经常提及的电梯问题。某高层建筑中安装了最新款的高速电梯，但是人们抱怨等待时间太久，相关人员升级软件后使电梯通过最新算法运转，然而人们的抱怨并没有减少。但是在电梯内安装镜子以后不久，抱怨声却几乎消失了。

在投资咨询公司，因为客户等待的时间太长，所以很多客户会在中途离开，但是咨询公司的职员并不忙碌，因为他们有一半以上的工作时间是在等待中度过的。为了解决这种低效率的问题，相关部门的职员应用排队模型进行分析，并通过一星期的努力制定了改善方案。但是这个方案因为领导的一句"换成预约制吧"而没有提交。

就像以上的情况一样，判断某些情况是否需要进行数据分析可能会比分析本身更为重要。但是有些人认为这种判断只是在公司的立场上重要，作为分析师可能没必要去考虑这些。不过笔者认为，如果是数据科学家就要具备一定的能力，即判断是否需要进行数据分析的能力、分析数据时判断需要哪些数据的能力、对分析结果的应用能力、对于政策的判断能力。

驾驶汽车时如果天黑了，就要打开车灯，这么做不仅是为了看清路况，更重要的是让别的车清楚地看到自己的车。如果通话时对方声音太小，最有效的方法不是提高自己的声音，而是降低自己的声音（这样对方才能提高声音）。如果能理解这些，那么他（她）就是善于利用分析结果的人。根据笔者的经验，与知识相比，对情况的理解能力，特别是对他人的关注对自身的判断能力有更大的影响。

笔者不太清楚提升判断能力需要学习哪些知识，但是能使人们改变思维的方法中，TRIZ① 好像有点帮助。

---

① TRIZ 是 Teoriya Reshniya Izobretatelkikh Zadatch（发明问题解决理论）的首字母缩写形式，是指有创意的问题解决方法。此处参考了 Kim Hyojun 的 *Theory of Inventive Problem Solving TRIZ*，笔者虽然只读了该书的一部分，但笔者认为 TRIZ 是非常有趣和不错的方法论。

一些方法论能够帮助数据分析师导出需要进行的分析，对实际业务非常有帮助，笔者在本书中向大家推荐波特五力（Porter's Five Forces）、4P 等营销模型和经济学模型。

第三节 制作分析数据

不仅定义所需数据和收集数据的能力很重要，而且制作数据的能力也很重要。

有人想通过机器学习预测事故风险，但是因为没有发生过事故，所以不仅无法进行测试，甚至连训练数据也无法得到。那么，在这样的情况下无法进行分析吗？与应用客户购买与否的数据进行商品推荐相比，以偏好的颜色进行商品推荐似乎更有效。但是目前拥有的产品属性数据中没有颜色信息，那么需要在收集客户购买数据后应用协同过滤算法吗？

就像因零件的老化导致发动机停止工作一样，即使没有发生事故，也能猜测到可直接引起事故的变量及对这个变量产生影响的变量。我们在能够获取的数据中，利用机器学习中的主成分分析方法能找出具有事故倾向的主要变量。如果能知道这个变量随着时间推移所呈现的模式，就能做到即使不知道是否发生事故，也能知道事故风险的大小。除此之外，在获取的数据中去除离群值（Outlier）后，还能制作相当于正常模式的数据（求出分布以后，任意生成属于该分布的数据就可以），那么就会得到更明确的变量变化模式，需要注意的风险区间也会更加明确。

利用机器学习将商品照片按照几种颜色进行区分是比较容易的，也许有些人得到结果后还会将其作为开放源码公开。基于此，我们还可以区分这个商品是格纹还是水滴纹。对新的标签信息进行编码后将其添加到商品属性表，通过辨别添加的商品的颜色和纹路信息，就可以向寻找深红色格纹商品的客户进行非常有效的推荐。

分析模型也可以像分析数据一样，根据具体情况制作。有时我们能看到向客户推荐商品时不直接应用协同过滤算法，而是只依据重要的属性或者只收集有关联的分类后应用协同过滤算法的情况，这个与较受数据分析师欢迎的以奇异值分解（Singular Value Decomposition）为基础的协同过滤算法和以聚类为基础的协同过滤算法相同。

为了补充缺乏的数据或取得更好的结果，可以运用专业知识构建数据网络。如果为了诊断疾病而使用贝叶斯网络，那么应先构建预制网络，以箭头标示专家告知的疾病症状和与疾病有关的知识。以预制的网络为基础，通过数据决定添加或减少箭头，并且对相关规则和可能性进行比较，能做出更好的数据网络。

第四节 分析结果的验证和监控

确定需要解决的问题类型后，就要选择一个解决该问题的最优化模型。模型本身不需要验证，需要验证的是数学表达式是否符合模型，计算和输入的参数是否正确。如果情况发生变化，就要在重新构建最优化模型或更换参数信息后重新计算结果（最优解）。因此，需要监控诸如净利润的变化、价格变化之类的信息。

机器学习模型由数据构建，所以需要用数据来验证模型是否合适。为构建模型而进行的模型训练和验证依赖于数据，所以正确地选择数据是非常重要的。以下我们介绍机器学习的数据选择与验证方法[①]。

一、数据分类

如果使用所有的数据来训练模型，那么模型很可能只适合于应用当下的数据，不能应用之后产生的其他数据。而事先单独准备其他数据的概念就是将所有数据分成训练数据和验证（测试）数据。对于拥有的所有数据，通常将80%作为训练数据，其余20%作为测试数据。

如果数据足够多，那么分开使用训练数据和测试数据就没有什么问题。通过训练构建的模型的准确率可以通过测试来验证，但是怎样才能确定通过测试计算出的模型的准确率与实际的模型准确率一致呢？因为不能保障其充分性，所以要使用K-折交叉验证（K-fold Cross Validation）方法，或者留一法交叉验证（Leave-one-out Cross Validation），即平行因子分析方法进行验证。

K-折交叉验证方法将数据分成 K 份，进行第一次实验时，第一份数据用于测试，其余则用作训练数据；进行第二次实验时，第二份数据用于测试，其余则用作训练数据。这样进行 K 次以后对验证结果进行平均，或者将 K 次的结果进

---

① 这个部分参考了 John D. Kelleher、Brian Mac Namee 和 Aoife D' Arcy 的 *Fundamentals of Machine Learning for Predictive Data Analytics*。

行合计，计算整体验证结果。如果以即将介绍的混淆矩阵（Confusion Matrix）考虑，就会比较容易理解（组成 K 份混淆矩阵后相加，形成整体矩阵）。一般情况下，会使用 10 份（K = 10）数据。结束验证后，还会用整体数据进行学习。

平行因子分析是数据太少时使用的模型验证方法，测试块由一个数据组成。如果有 100 个数据，那么 K-折交叉验证方法会将每 10 个数据捆在一起，组成 10 个块；而平行因子分析方法则将每一个数据都用于测试，所以会实验 100 次。其意图是要最低限度地选择测试数据，使其他的数据都作为训练数据使用。

二、分析结果的验证

（一）结果变量为分类属性时的验证

根据结果变量（维度）是分类属性还是连续属性，所选择的验证方式是不同的。如果是分类属性，验证还分为结果是二项（Binomial）的情况和有多种分类结果的多项（Multinomial）的情况。

1. 结果是二项（Binomial）时的验证

成为优秀模型最基本的条件是减少错误分类的概率，而要判断模型是否优秀，需要使用可直观地进行确认的混淆矩阵。

在区分 A 和 B 的模型中，匹配实际结果和预测结果的混淆矩阵如表 7-1 所示。

表 7-1　匹配实际结果和预测结果的混淆矩阵

		预测（Prediction）结果	
		A（正例）	B（负例）
结果实际（Actual）	A（正例）	6	3
	B（负例）	2	9

通过表 7-1，可以轻松地算出作为准确性指标的错误分类率（Misclassification Rate）和分类准确率（Classification Accuracy）。

错误分类率 =（2+3）/（6+9+2+3）= 0.25

分类准确率 =（6+9）/（6+9+2+3）= 0.75

以下继续介绍更实用的成果指标，软件可能不会对这种指标名称进行任何说明。我们先掌握这些名称的定义：将 A 定义为正例（Positive），将 B 定义为负例（Negative）；预测正确时定义为真（True），预测错误时定义为假（False）。那么，将 Positive（这里是指 A）预测为 Positive 的比率称作真正例率（True Positive Rate，TPR），将 Negative（B）预测为 Negative 的比率称作真负例率（True Negative Rate，TNR），将 Negative（B）预测为 Positive 的比率称作假负例率（False Negative Rate，FNR），将 Positive（A）预测为 Negative 的比率称作假正例率（False Positive Rate，FPR）。

真正例率=6/（6+3）=0.667

真负例率=9/（9+2）=0.818

假负例率=2/（9+2）=0.182

假正例率=3/（6+3）=0.333

此外，还有查准率（Precision）和查全率（Recall）指标：

查准率=6/（6+2）=0.75

查全率=6/（6+3）=0.667

我们先从推荐商品的角度掌握这些指标的意义：查准率是指在模型推荐的物品中用户实际选择的物品的比率；查全率是指用户实际喜欢的物品成为被推荐物品的比率。那么，现在大家是否理解为什么使用查准率和查全率指标，为什么用正例和负例来表现？

同时考虑查准率和查全率的指标有 F 值（又称 F 分数）：

F 值=2*（查准率*查全率）/（查准率+查全率）=0.706

这种形态的式子来自调和平均数（Harmonic Mean）的概念。调和平均数与平均值或中间值（Median）一样，是寻找中心倾向的指标。对于利用模型求出的中间值，调和平均数倾向于选择低值。因此想保守地求出模型中间值指标，或者想减少模型对大的离群值的敏感度时，会使用调和平均数。

查准率和查全率更强调对正例的预测（实际上只考虑正例）。这样的方式就像预测患者有病比预测患者没病更重要一样，更重视其中一种状态。如果不是其中一个更重要的情况，就需要考虑其他指标，这时会使用称作平均准确率的指标。这个指标将在多项模型中进行简单的介绍。

我们再看混淆矩阵。混淆矩阵不仅可以对各单元格赋予同样的值，还可以对各单元格赋予不同的权重，即收益和损失。进行信用评价和债权评价时，如果将优秀的信用评价为优秀的信用，就会获得收益；如果将优秀的信用评价为差的信用，就会产生损失；将差的信用评价为优秀的信用，也会产生很大的损失；如果将差的信用评价为差的信用，就会既没有收益也没有损失。将这种商业性的收益和损失做成表格就得到如表 7-2 所示的收益矩阵（Profit Matrix）。

表 7-2　商业性收益和损失的收益矩阵

		预测（Prediction）结果	
		优秀（Good）	差（Bad）
实际（Actual）结果	优秀（Good）	100	−100
	差（Bad）	−500	0

如果将混淆矩阵与收益矩阵各单元格的值（权重）相乘求出成果指标，就能选出对业务发展更有用的模型。但是在统计的角度上，模型的准确率可能不高。

我们来看在验证中经常遇到的 ROC 曲线的含义。据悉，接受者操作特性（Receiver Operating Characteristic，ROC）这个名称是从调整雷达信号的过程中得出的。接受者操作特性用于验证与阈值（Threshold）有关的模型。我们再看逻辑模型。逻辑模型通常用 0 或 1 来判断结果值，但其实际上也会显示像 0.2、0.7 一样趋向于 1 的概率值。因此，通常将结果视作 1 的判断标准设为 0.5，如果超过 0.5 就判断结果为 1，不到 0.5 就判断为 0，这个 0.5 就是阈值。根据不同的阈值，像真正例率一样的成果指标会产生变化①。

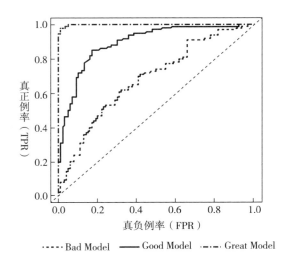

图 7-1　接受者操作特性曲线

---

① 真正例率和真负例率是相反的，如果将阈值体现在 X 轴上，将真正例率和真负例率体现在 Y 轴上，就会呈现相反的方向。

现在我们以正例的观点看看真正例率和假正例率，这两者也有相反的关系。如果是好的模型，其真正例率应该更高。如果将这两者体现在 Y 轴、X 轴上，就会得出如图 7-1 所示的接受者操作特性曲线（除了对角线以外，三条线体现了三个模型的 ROC）。真正例率的接受者操作特性曲线越远离对角线（随机参考线），表示模型越好。对角线是随机选择的模型，显示出真正例率和假正例率没有差异的假想模型的接受者操作特性。

"远离对角线更好"是指接受者操作特性曲线的底部面积越大越好。像这样求出面积后用数值表现的模型特性称作接受者操作特性指标（Index）或曲线下的面积（Area Under the Curve，AUC）。

2. 结果是多项（Multinomial）时的验证

如果结果有多种分类，就会形成如表 7-3 所示的混淆矩阵。表 7-3 结果有 A、B、C、D 四个类别（Class）。

表 7-3　结果是多项的混淆矩阵

		预测结果				
		A	B	C	D	查全率
实际结果	A	5	0	2	0	0.714
	B	0	6	1	0	0.857
	C	0	1	10	0	0.909
	D	0	0	2	3	0.600
	查准率	1	0.857	0.667	1	

错误分类率和分类准确率可以通过相同的方式求解，其他指标则需要单独求解所有类别。查全率或查准率也会得出多个，只有对这些进行平均才能在模型的层面上进行评价。这时可使用平均准确率来验证模型，数学表达式如下：

平均准确率 = 1／{（1/4）＊（1/0.714+1/0.857+1/0.909+1/0.6）} = 75%

该式中，分母是将所有类别的查全率的倒数相加后乘以 1/4 的形态，而 1/4 是类别个数的倒数。

（二）结果是连续型时的验证

如果结果属于连续型，就直接按照构建模型要达到的目的进行验证。也就是说，对通过模型估算的值与实际值之间的差异进行最小化：

均方误差（Mean Squared Error，MSE）= {（实际-估算）^2} 之和/n

均方根误差（Root MSE，RMSE）= 对 MSE 进行方根运算的值使用均方根误差是因为对均方误差进行方根运算后能使均方根误差值与数据值（成为结果值）使用的单位一样。如果结果值表示的是体重，单位是公斤，均方根误差是2.3，就可以解释为预测值脱离平均值2.3公斤左右。

如果进一步思考就能知道均方误差或均方根误差因为进行了平方运算，所以有扩大模型估算值与实际值之间的误差的倾向，并且尤其会扩大一两个大的误差。出于这种顾虑，有时还会应用平均绝对误差（Mean Absolute Error，MAE）验证：

平均绝对误差=（｜实际−估算｜之和）/n

平均绝对误差的单位与结果值也一样，用上面的例子说明，如果结果值表示的是体重，单位是公斤，平均绝对误差是1.9，就可以解释为模型的预测值有1.9公斤左右的误差。

三、监控

如果是用于实际操作的模型，需要观察模型是否能正常运转。这时，需要观察在模型验证过程中使用过的成果指标的变化，如果成果指标持续维持在基准值以上，那么这个模型是持续有效的。

笔者不太清楚在严谨的学者看来，随着指标的变化是否需要更换模型。这个问题可以通过观察模型结果值的分布是否发生变化的方法证实。如果是像推荐系统一样可持续运行的模型，就可以使用以上的方法进行监控。如果是选择活动对象的模型，应用其他方式也是有效的。如果选择的对象是30多岁的男性，那么可以在30多岁的男性中任意抽取（随机选择）一部分并定义为控制组（Control Group），然后在30多岁的男性中选出适用于模型的一部分定义为处理组（Treatment Group）进行营销。如果两者之间的差异有意义，那么选择活动对象的模型就是成功的。

第五节　数据科学家对大数据的看法

从事大数据分析的人，时常会被问到一些问题，这些问题大部分几乎没有答案。作为数据科学家，虽然不知道正确答案，但有必要准备属于自己的答案，阐述对这些问题的看法。

一、未来的面貌

据说，人工智能在未来会使很多职业消失。有些人认为，未来会像之前的工业化和自动化时代一样，产生新的职业，所以不会有什么大问题。对此，一些人认为与过去相比，现在职业消失的更多，消失的速度更快，但是产生的新职业并不多。

其实可以从工作的角度而不是职业的角度来判断，就像我们通过机器学习了解到的那样，即使最终的结果看起来很复杂，但实际上机器学习做的是像分类一样的简单工作。也就是说，在未来，只做简单工作的职业将消失。

在这里，机器和人们所感受到的"简单"在意义上似乎有很大差异。人类认为的简单劳动，从机器的立场来看，可能会是高难度的工作。而人类认为难度大的 X 射线检查或法律咨询，从机器的立场来看，也有可能是简单的工作。但无论如何，未来所有职业或生活领域中的简单工作都将会大幅减少。

如果机器能够代替人类完成简单的工作，那么为了支付低工资而实施的工厂搬迁决策会发生怎样的变化？或者在人类的工作量大幅减少时，是否可以普及每周三天工作制？随着工作由机器完成，用较少的投资赚取巨额利润将变得更加容易，这是否会使收入两极分化更加严重？如果是这样，社会不平等现象会更加严重，国家之间的经济差距也会更加严重。那么，国家之间的关系是否还能维持现状？

数据科学家的未来会是怎样的？有人预测，未来的机器能够自己制作程序，还有可能根据浏览收集的数据选择合适的分析模型，并且进行分析、验证和进化。虽然现在机器的发展也很迅速，但是如果通过强化学习进一步发展，未来制作大量更优质的数据会更加容易，分析模型的进化也会达到惊人的水平。虽然未来无法预测，但是如果数据科学家达到能判断"挂上镜子会比利用最优算法运营电梯的效果更好"的水平，就可以避免失业了。

二、数据所有权与垄断

商城的商品购买历史数据应该属于哪一方？虽然数据由个人生成，但会被认为是商城所有。那么，商城网站以提问的方式调查的客户商品偏好信息应该归属于哪一方？我们上传到社交网络服务账号上的照片呢？这些当然属于相应的组织，不属于个人。这不仅是默认的规则，而且我们可能在不知不觉中同意了将权利转让给公司的条款，因此公司也可以光明正大地拥有这些。这是对的吗？

商城利用个人生成的数据不只向个人提供优质的服务，还预测别人的偏好，获取更大的利益。有些商城利用个人拍的照片进行深度学习，获取了巨大的利益，那么我们是否应该承认这些利益都属于这些企业？或者因为公司利用了很多人的数据财产，所以个人也应该分享利润？

我们再来看韩国通信公司的通话数据。商城或社交网络服务企业通过竞争开展业务，并通过竞争获取个体的数据。虽然每个国家都有差异，但是韩国通信公司通常不是以竞争形式谋求发展，而是以垄断的形式开展业务。韩国通信公司利用通话大数据开展多种大数据业务，并从中获取利益，有时还直接开展大数据解决方案业务。开展大数据业务的中小企业、大数据解决方案公司与这些韩国通信公司的竞争是否公平？

今后，由机器制作的数据会越来越多。机器除了可使用购买的数据直接预测客户的偏好以外，还可以用 Slope One 等简单的方法求出客户的偏好度。据说，目前，机器创作艺术作品的水平已达到与人类不相上下的程度，并且机器还可以通过学习特定歌手的声音特征，用相同的音色创作歌曲。那么，由机器制作的数据应该归哪一方所有？

三、个人信息的保护

这是与开展大数据分析业务的通信公司掌握的通话数据有关的问题。通话数据可以用于商圈分析、人口流动分析。虽然通信公司在分析（与通信业务无关的"大数据分析业务"）过程中使用通话数据，但是其表示由于用于分析的数据删除了电话号码、客户姓名和地址等信息或使用其他号码代替这些信息，所以分析人员无法知道通话数据对应的人是谁。

但是事实果真如此吗？假设昨天女朋友来电说她在韩国大田，今天晚上她又说已到达济州岛，根据这些事实，搜索一下昨天在大田和今天晚上在济州岛地区有通话记录的关键号码。那么，两个地区都有记录的关键号码会有几个？虽然这些关键号码既不是具体的名字也不是电话号码，但是能知道这些关键号码是谁的，现在我能知道女朋友什么时候在哪里了。如果知道某人两三个时间点的通话场所，就能知道某人经常去的地方。如果可通过搜索获得某人的通话（发送—接收）记录，那么即使不知道通话内容，也能知道某人与谁关系较亲密。

我们应该禁止还是允许远程医疗？关于远程医疗，顾名思义就是医生不直接看病，而是远程进行诊断，因此有可能不准确。个人的健康信息是需要保密的信息，但远程医疗也像通话一样，并不能保证个人信息的安全。因为存在这些问题，如果要求除了住在岛上的或一些具有特殊情况的人以外，限制远程医疗（并不是完全禁止），你会同意吗？据悉，利用机器学习进行的癌症诊断要比医生的诊断更准确。那么，限制远程医疗的政策真的正确吗？如果从保护个人信息的角度看，原则上是正确的，但是在医学发展的角度上应该如何看待？通过远程诊断来获得诊断数据会不会更重要？

四、社会成熟度与大数据政策

笔者认为，总有一天，自动驾驶汽车会在社会上普及，我们假设一下自动驾驶汽车的安全性得到认可以后，与人驾驶的汽车一起行驶在道路上的情况。

在各车都遵守安全速度、没有强行插队的地方，自动驾驶汽车应该不会出现问题，但是在交通拥挤的地方，自动驾驶汽车会变成什么样呢？在这种情况下，如果发生事故，会认定哪辆车的责任更大？可能有些人还会说"自动驾驶汽车导致了更多的事故"，"从我们现在的实际情况来看，应该推迟引进自动驾驶汽车"。那么，应该推迟引进自动驾驶汽车，还是整个道路只允许自动驾驶汽车行驶？我们的社会将会如何选择？是否可以根据这个选择来判断社会的成熟度？

无人机参与战争的时代已经到来。对于具有人工智能的机器人士兵参与的战争，大家有什么看法？战争有时很容易爆发，而且因为难以区分平民和军人，无人机可能会造成非军人死亡。随着技术的发展，机器人士兵各方面的能力已非常强大，如果只在机器人之间展开战斗，大家是否赞成人工智能战争？在这样的战争中，只有战斗机器的消耗，人基本不会死亡，产业设施也可能基本完好。

我们假设利用机器学习和3D打印机可以制造人工牛肉，据悉，目前在实验室中已经实现了人工制造牛肉。人工牛肉由纯粹的分子组合而成，因此不用担心牛本身是否有疾病，也不会发生养牛过程中出现的环境污染问题。你能毫不犹豫地吃下人工牛肉吗？人工牛肉是否应该被看作牛肉，以牛肉的标准进行管理？那么，认可人工牛肉是不是只考虑了吃肉人群的利益，而将所谓自然的东西弃在一旁？

五、成本效益分析（Cost Benefit Analysis）与人的价值

其实，"成本效益分析"评价标准可以应用在任何决策中，甚至还可以用于评价人的生命。实际生活中确实进行过这些分析，也受到了很多指责。例如，通过分析吸烟导致的死亡、治疗疾病的费用（诉讼、治疗费等）和销售利润的差异来决定是否销售香烟，或者通过比较由汽车缺陷导致的死亡者赔偿费用和销售

利润来决定是否生产存在缺陷的汽车。对人的生命赋予价值并进行分析，看起来不像正确的事情。那么到底是否需要进行分析？

我们再来看自动驾驶汽车的问题，这里存在对人的生命进行选择的问题。如果出现突发情况，需要转换车辆行驶方向，一边有两个人，另一边只有一个人，那么应该转向哪一边？如果不对人的生命进行定量计算，汽车可能会任意行驶。如果一边是两名普通的成年男性，另一边是一名三四岁的孩子，我们应该怎么做？我们把问题再扩展一下，如果不改变方向，乘客就有可能死亡。迈克尔·桑德尔（Michael J. Sandel）在《公正》一书中提出了问题和判断标准，但是并没有给出明确的答案。在这一问题中，应该会有更重视乘客价值的算法和更重视他人或儿童的算法。对此，我们是不是应该有所了解？对于算法中所包含的价值标准，是否应该有政府的监管？最后，假设有一种非法程序可以应用在自动驾驶汽车软件上，并且这个软件以乘客的生命优先，乘客的范围包括你和你的家人，那么你会购买这个非法程序吗？

以上七章是大数据分析概论的基础性内容，现在我们以大数据分析的基本理解为基础，可以再向前迈一步了。从战争的角度来看，表面上看到的步兵和坦克并不是全部，工兵部队、物资生产和运输也是战争重要的部分。笔者将通过后面的五章，使大家了解从"总指挥部"到"士兵"的整体内容，并让这些有机地运转起来。

第八章　大数据分析的商业规划

第一节　数据业务

　　数据不仅可以用于商业分析，其本身还可以成为商业模型。由韩国数据产业振兴院发行的《DB Issue Report 2015-27 第 71 号国内外数据主导商业现状比较》参考了如图 8-1 所示的 Hartmann 模型①，显示了围绕数据开展业务的公司现状。

　　以数据为主要内容的商业模型可以细分为获取数据的途径（Y 轴）和利用数据的活动（X 轴）。以全球为标准，为客户分析数据的数据公司较多。包括同时分析实时访客数量和外部人口统计数据的 Sendify 等公司，这些公司以分析即服务（Analytics-as-a-Service）的形态经营。在韩国，很多数据初创企业并不分析或制作数据，而是在收集企业内的多种数据后，通过网络等多种途径向客户提供服务。

　　韩国的数据初创公司与其他国家相比，分析和生成数据的能力比较弱。最近几年，韩国的数据初创公司大多开发 B2C 形态的智能手机应用程序，而其他国家则以开发 B2B 形态的平台为主。这可能是受到为降低年轻人的失业率而实行的以大学生为主的创业支持政策的影响。他们虽然有好的创意，但是多数没有支撑这些创意变成现实的实力。② 但是在其他国家，有很多企业不仅有创意，还具

---

　　① Philipp Max Hartmann, Mohamed Zaki, Niels Feldmann and Andy Neely. Big Data for Big Business? A Taxonomy of Data-driven Business Models used by Start-up Firms ［Z］. University of Cambridge, 2014. 全球的大数据分析多以 Hartmann 调查的大数据初创企业为对象，但韩国以韩国数据产业振兴院调查的数据相关初创公司为对象。

　　② 笔者认为 3~4 年以后韩国的这些青年创业者们可能将不再是创业支持对象。

有很高的技术水平。

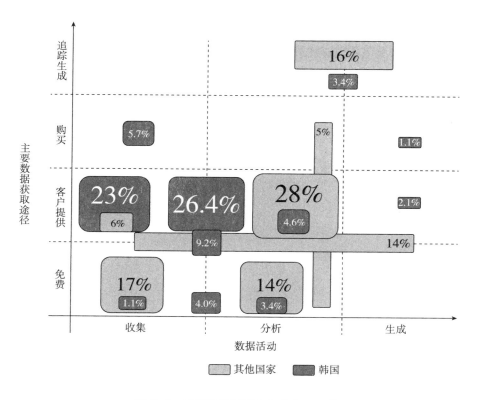

图 8-1 围绕数据开展业务的公司现状

此外，韩国的免费数据使用率也很低。虽然政府大力推进公共数据开放，但是公司和大众认为这些开放的数据并没有多大价值。

虽然目前与数据没有直接关联的业务也很多，但是现在已渐渐走向不利用数据就无法成功的时代。有人甚至认为，今后只有两种类型的公司能够生存，即利用数据的企业和为了利用数据而做准备的企业。

第二节　商业与系统

在微软公司（MS）作为软件开发人员工作了 27 年，带领开发部门 12 年的开发者部门执行副总裁索马西格（S. Somasegar），于 2015 年 11 月离开了该公司。他在接受采访时表示："所有的商业都与软件有关。软件开发已经在整体产业中与所有的商业整合在一起了。"

其实软件就是系统，网上商城、网上书店、网上杂志、网上电影服务都与内容管理系统合为一体。但是，没有数据分析的系统能否生存下去？对于提前预测客户想看的内容、想要的商品并推荐的业务，如今的我们已习以为常。难道商业不应该与数据分析合为一体吗？商业能够造就系统，系统有时也能造就商业，这种系统大部分是分析系统。

以下两节我们将从商业规划的角度介绍数据分析的两种法则，即作为目标营销（Target Marketing）基础的帕累托法则和作为推荐基础的长尾理论（Long Tail Theory）。

第三节 帕累托法则

帕累托法则（Pareto's Law）包含了"所有成果的 80% 由该组织的 20% 创造"的思想。20% 的组织成员处理 80% 的业务，20% 的商品占整体销售额的 80%，整体销售额的 80% 由 20% 的客户实现，这些都是依从帕累托法则的结果。分析公司数据时，在表现数据意义的联机分析处理或看板中经常能见到这种情况。为了确认帕累托法则在实际商业运作中的显示程度，有时会使用帕累托图，但是这里将介绍通过瀑布图（Waterfall Chart）表现的示例[①]。

我们将"客户的购买金额−全部费用除以客户数量的平均值"看作收益，并以此计算每位客户带来的收益。能够带来−10 万~10 万韩元收益的客户称作临界客户群，能够带来 10 万韩元以上收益的客户则根据金额分为最优质客户群、优质客户群、普通客户群。

现在我们通过瀑布图表示各类客户群带来的收益规模。最先显示的是最优质客户群带来的收益，约占整体 1% 的最优质客户群带来的收益达到整体收益的一半，然后依次显示优秀客户群、普通客户群的收益规模。如果在旁边一层一层堆高，总收益将达到 222.16 亿韩元。临界客户群对收益规模没有太大影响，但是如果包括亏损客户群的亏损规模（负收益）（因为是负收益，所以用从顶端向下

---

① 详细地说明了在前文"概念性的分析方法回顾"中的内容。

延伸的形态表示），那么最终全公司的收益只有 4. 13 亿韩元。

　　帕累托定律会产生偏重现象，根据测量的事物，有时偏重程度会非常严重。例如上述公司，虽然在销售额上出现了约为 2∶8 的普通偏重现象，但是从收益方面看时，10% 的客户实现了全部收益，其余客户则降低了收益（其余客户不是做出 20% 左右的贡献，而是做出-90% 的贡献）。随着网上金融的出现，线下窗口的客户收益性逐渐降低。在 2000 年前后，还曾流行过放弃不盈利客户的逆营销（Demarketing）做法。

　　在营销角度上，帕累托法则是使资源或对象集中的重要基准，这个称作目标市场营销（Target Marketing）。有些人认为在线市场结构与传统的市场结构不同，应该出现与帕累托法则不相适应的现象，并需要开展适合这种现象的其他营销与业务。在考虑市场结构的变化之前，我们先考虑以帕累托法则为基础的商业、营销问题，然后去了解长尾理论。

　　如果企业将精力集中在优质客户或优质商品上，那么其对特定客户、特定商品的依赖会增加。如果企业重点运营优质产品，那么相应商品畅销，其库存周转率会很高、管理费用会比较少。与此相对的是，低等级客户（商品）的管理费用会变得越来越高，最终导致公司对特定商品的依赖越来越严重。畅销的商品因为销售得好，相应的商品负责人会有很高的绩效，这又会导致内部负责人之间的竞争。目前还很难实现所有人都认可的公平竞争与公正的绩效评价，所以如果保持上述结构，那么长期的销售规模与收益性也很难保障。

第四节　长尾理论

　　帕累托法则适用于大部分情况，所以称作法则（Law），而长尾是一种理论，不是法则，这表明长尾不属于一般的现象。

　　如果将帕累托法则倒过来解释长尾理论（Long Tail Theory），就是"在80%的低端领域创造的成果比20%的高端领域创造的成果更多"。我们用图 8-2 来表现长尾理论。在 X 轴上，按照销售量顺序排列商品，如果在 Y 轴上体现销售量，就会呈现出逐渐减少的线形。在线条与坐标轴围成的区域中，前 20% 的面积可以称作头部，其余部分可以称作尾部。如果商品种类多，尾部就会变长；如果尾部的面积大于头部的面积，就会出现与帕累托法则相反的现象。

我们不能只将长尾理论看作一种现象，而是要从商业战略的角度考虑。如果从商业战略的角度看，不应该通过集中少数商品（称作内容可能会更接近）来增加短期销售量，而应扩大提供给客户的内容范围，增加长期销售规模。最理想的情况不是人为地减少头部，而是加长并加宽尾部。与此相比，目标市场营销是人为地增大头部、去掉尾部的方式。我们改变一下想法，除了加宽尾部以外，还可以将有可能性的尾部移动到头部。那么，如何利用数据分析才能实现呢？

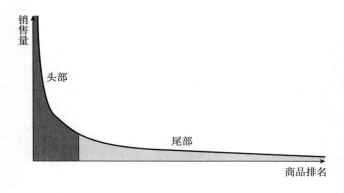

图 8-2 长尾

如果找到排名前十的受欢迎的商品向客户进行推荐，最终就会成为目标市场营销。协同过滤的商品推荐方式，会使位于尾部的商品拥有被推荐的机会。以客户对商品的偏好程度为标准向客户推荐商品，会给头部商品创造更多的被推荐的机会，但有时也可以使放任不管就会消失的尾部商品成为头部商品。

第九章 大数据分析的主题确定与系统规划

第一节 导出大数据分析的主题

在考虑如何进行数据分析之前，大多时候更难确定要分析什么。那么，如何确定分析主题是否属于数据分析师的业务范围？

不论是数据分析师，还是曾经在组织内负责数据分析业务的人士，通常采用三种方法制定分析主题，分别是听取别人的意见后整理的方法、分析师自己寻找的方法和混合方法。在这里，笔者建议分析师主动寻找主题然后进行分析。

一些数据分析师是在接受既定的分析主题以后才开始学习分析方法，所以只注重方法而忽略了对相关领域的了解。与这种数据分析师相比，数据业务方面的专业人士学习分析方法后再进行分析，大部分会有更好的效果。

数据分析师为了掌握业务负责人或部门负责人的分析需求，进行千篇一律的采访并不会有好的效果，通过这样的采访结果导出的分析主题不能保证具有分析价值。我们回想一下在第六章中学习过的大数据分析方法，如果分析师了解网络流模型或排队模型，就能确认分析的类型，判断分析是否可行，并以此确定分析主题。

为了理解业务和分析模型，并在宏观的角度上导出必要的分析，数据分析师需要掌握业务环境和定义问题的框架，经营学、经济学为此提供了有用的框架。

一、可导出分析主题的经营学模型

在经营学中，有很多可直接应用于数据分析的实用模型，其中经常使用的模型有波特五力、4P、SWOT、3C 等模型，以下仅说明波特五力模型。

波特五力（Porter's Five Forces）是用于行业分析的模型，通过同业竞争者、供应商、购买者、新进入者、替代品来分析公司所属的行业状况（见图9-1）。

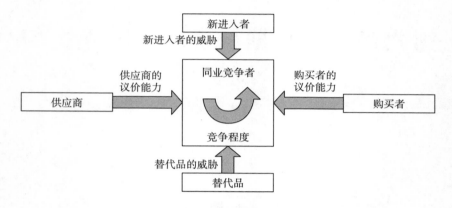

图9-1　波特五力模型

波特五力模型除了以上五种要素以外，还可以加入政府、全球经济、退出壁垒等其他因素进行扩展。假设有一家公司从事在线教育，我们制作了如图9-2所示的模型。这个模型包含了政府，并且设定购买者是学生，供应商是讲师。

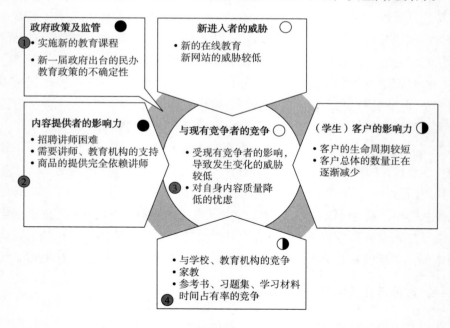

图9-2　在线教育公司的波特五力示例

制作波特五力模型后，我们确定了重要的部分，并在重要的部分中选择了需要分析的内容（图9-2中的①~④）：

（1）为了了解新的教育课程带来的影响，对直接受到新的教育课程影响的高二学生会员和上一届高二学生会员（现在是高三）进行了各领域听课形态差异分析，确认公司是否准备了符合学生新听课形态的授课内容。

（2）为了了解内容提供者的影响力，分析每位讲师的结算件数占有率，分析每位讲师的贡献度和替代可能性。

（3）为了掌握内容质量下降带来的影响，将听课会员人数比率和平均听课申请件数、结算金额联系在一起进行分析。

（4）除了增加会员数量（大众营销效果分析）、增加每个客户的销售额（目标市场营销成果分析）的目标以外，为了增加客户的听课时间和价值，需要对时间占有率方面各要素竞争（图9-2中的④）的状况进行分析。为此，需对学生听课的持续和结束情况、学习成果（成绩提高）进行分析。

我们通过波特五力模型示例可以得知，准确地掌握公司或机构等组织的发展方向，才能确定有利于组织的分析方向。

除了前文提及的模型，利用部分咨询公司开发的模型也可以导出数据分析主题。波士顿咨询集团（Boston Consulting Group）开发的波士顿矩阵（BCG Matrix）甚至还作为模型示例出现在营销类教科书上。科尔尼咨询公司（AT Kearney）开发的 Internet S@ LE 模型也很实用。Internet S@ LE 模型用于维护客户和构建特许权使用费体系，通过定义认知网站（Site Awareness）、吸引客户（Attract Customer）、引导客户购买（Lead Customer to Purchase）、吸引并留住客户（Engage and Retain Customer）四个阶段，能导出适合企业各阶段发展状况的战略或行动。我们出于客户管理的目的可以采用 Internet S@ LE 模型进行分析，也可以简单地画出客户流程图（Customer Process Map），这也有助于确认需要进行的分析。我们再以上面的在线教育公司作为例子进行说明。

制作如图9-3所示的客户流程图后，可以从运营的角度掌握公司需要集中管理的部分，然后根据不同的部分选取特定的分析指标，并定期进行监控。由于公司层面、部门层面的管理领域不同，所以各个层面需要分析的内容也不同。例如，在图9-3中，如果是负责听课、学习管理服务、继续听课、听课结果的部门，需要定期确认听课转换率、听课完成率、未听课率、听课平均进度等分析指标。

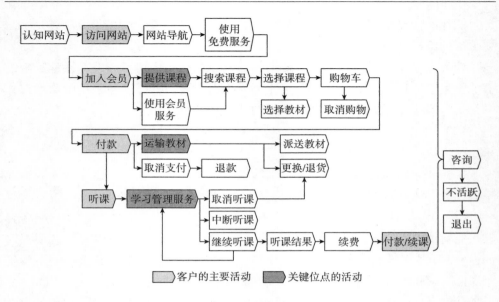

图 9-3 在线教育公司的客户管理流程

学习经济学模型之前，建议大家再看看前文"概念性的分析方法回顾"一节中介绍的内容。

二、可导出分析主题的经济学模型

与经营学相比，经济学通常不能直接应用于数据分析，但能提升学习者理解原理和应对问题的能力。数据分析师要具备基本的经济学能力是指能画出需求曲线和供给曲线，明确对需求和供给的相互作用产生影响的要素。

作为世界第一住宿共享公司的爱彼迎（Airbnb），聘请经济学家彼得·科伊[1]，对客户的预约形态进行了研究。除了爱彼迎，其他很多企业对经济学家的需求也越来越大。随着共享经济、自动驾驶汽车、物联网等新市场逐渐开放，很多公司开始尝试通过分析各种数据来分析市场的变化和客户的行为变化，预测收支平衡点（Break-Even Point，BEP），并推导出商品合理的销售价格。这就是数据分析师除了要掌握技术性的数据分析方法之外，还需要对经济学有所了解的原因。

这里，笔者将先说明经济分析的框架，然后介绍同时使用特定经济学模型和在第六章介绍过的分析方法进行数据分析的一个示例。一个国家的经济可通过资

---

[1] 其曾与在美国哈佛商学院工作八年、获得过诺贝尔经济学奖的埃尔文·罗斯（Alvin E. Roth）教授一起对资源的有效分配进行过研究。

本—资产经济和实物—金融经济的组合来体现①（见表9-1）。如果有经济方面的问题，可以通过这个框架判断问题属于哪个领域，这有利于确定需要进行的分析、应对问题的政策。

表9-1 资本—资产经济和实物—金融经济的组合

	资本（生产）经济	资产（交换）经济
实物经济	消费（家庭） 生产（企业） 进出口（国外）	不动产 贵金属等 商品交易市场
金融经济	直接金融（发行市场） 间接金融（企业/家庭贷款） 贸易信用	证券（流通）市场 衍生产品市场 外汇市场

假如住宅价格暴涨导致通货膨胀的压力增加，那么从表9-1所示的框架来看，如果是住宅的供求问题，就归类为实物经济和资本经济领域；如果是与住宅的购买和销售有关的问题，就归类为实物经济和资产经济领域。也就是说，即使是同样的住宅问题，根据不同的原因，也需要进行不同的分析和操作。

笔者要介绍的经济学模型是用于分析产业间的关系的"投入—产出模型"。该模型由里昂惕夫（Leontief）于20世纪30年代初开发，对企业或经济行为的预测和规划很有帮助。该模型通常表现的是行业间的需求和供给，我们在这里先介绍假设主体是很小的经济体系的案例。假设该经济体系只生产两种产品，为了生产产品需要投入的是劳动、资本和两种产品本身，投入—产出矩阵如表9-2所示。

表9-2 生产两种产品的投入—产出矩阵

投入 ＼ 产出	产品A	产品B	总供给
劳动	7.5	5	2000
资本	1.25	2.5	600
产品A		0.5	
产品B	0.25		
利润贡献度	1.25	1	

① 引用了 KSERI（KS Economic Research Institute，金光洙经济研究所）编写的《现实与理论的韩国经济》的内容。KSERI 可提供经济领域较高水平的报告、评论等成果。

表 9-2 除了通常的生产投入和产出信息以外，还包含利润的信息。由此，我们可判定要分析的问题是总利润最大化的问题，并且能用线性规划法表示。假设 X1 是产品 A 的需求，X2 是产品 B 的需求，X3 是产品 A 的产出数量，X4 是产品 B 的产出数量，我们可以用以下式子表示：

Max　　　1. 25 X1+X2

Subject to　7. 5 X3+5 X4≤2000

1. 25 X3+2. 5 X4≤600

X3 ＝X1+0. 5 X4

X4 ＝X2+0. 25 X3

X1，X2，X3，X4≥0

求解这个线性规划方程，就能得出总利润最大化的产品需求量和供给量。这种线性规划方程还可以用于解答特定行业的产出结果最大化问题。通过线性规划法构建的投入—产出模型，为发展中国家制定经济开发计划做出了贡献。在这种情境下，目标函数表示的是国民生产最大化，而约束条件表示的是收入分布、雇佣水平、国际收支的状况。因为可以通过敏感性分析求出劳动、资本、自然资源的机会成本，所以能求出生产要素的相对价值，这可以作为国家制定经济计划的重要依据。

第二节　不需要构建分析系统的情况

构建大数据分析系统的目的是进行分析，如果不需要分析，或者在个人电脑上只用 Excel 就可以进行分析，就没有必要构建分析系统。

一、数据的收集和直接进入系统的问题

在未构建任何分析系统的情况下，我们通常会使用 Excel 或下载免费的分析软件进行分析，这时在数据收集方面可能会出现问题。分析需要的数据通常以文件的形式提供，这是为了不对生成数据的系统（大部分是运营实际业务的系统）产生影响。但是用文件生成数据的操作会对运营系统产生影响，因此数据量大时，分析通常都在运营操作较少的夜晚进行。

另外，因为存在安全和性能管理方面的问题，进入数据库系统通常具有限制

条件。因此，与直接进入系统相比，更好的办法是以网络服务的方式进入系统。但是在个人电脑上使用的 Excel 或 R 等软件没有网络服务器功能，只能直接接触数据。因此，应该由具有系统管理权限的相关人员在运营系统中制作数据后，将其转达给分析师。如果无人进行该项操作，则由分析师本人直接进入数据库系统获取数据，那么可能会引发安全问题、运行系统负载问题（影响交易系统，可能导致业务中断数小时）。

二、云（Cloud）①

软件即服务（Software as a Service，SaaS）是不需要构建应用程序就能使用系统的具有代表性的方法。不仅是分析软件，连存储空间、计算服务器资源等物理资源也可以通过云服务使用。虽然目前有使用物理资源的平台即服务（Platform as a Service，PaaS）或基础设施即服务（Infrastructure as a Service，IaaS）等区分云服务的多种专业术语，但是没有必要一一区分和掌握。

过去在互联网数据中心（Internet Data Center，IDC）租赁的服务器与现在的平台即服务（PaaS）、基础设施即服务（IaaS）发挥的作用是一样的。但是云端并不明确向用户指定某个实物服务器，而是让用户自由地选择核心、内存、磁盘容量单位后使用软件。因为用户最终以服务器［虚拟服务器称作 VM（Virtual Machine）］为单位使用软件，所以与购买服务器后使用软件的效果是相同的。另外，用户在云端选择操作系统、数据库管理系统后，需要以时间为单位使用，因此用户要明确定购的应用软件服务。用户既可以只购买服务器资源并直接安装免费操作系统 Linux，也可以和服务器资源一起购买 Windows 操作系统和 MSSQL 服务。

为了防止在云端使用服务器时出现安全问题，可将连接到云端服务器的 IP 段设置为特定 IP 段，或者同时设置虚拟专用网络和内部网。就像购买网络带宽一样，用户也可以按照服务形式以时间为单位购买和使用虚拟专用网络。

分析大数据时遇到的与云有关的问题大多与大容量数据的迁移有关。当在云端上传或下载的数据比较多时，可能会产生意料不到的网络宽带使用费。有些云服务企业对上传数据同样收取网络使用费，而有些云服务企业不收取上传数据时的网络使用费，因此用户需要在费用方面进行比较。

在云端存储大量的数据也会发生问题。有时用少量的核心组成多台虚拟服务器后，需要通过分散并行处理进行数据分析工作；有时还需要在核心和存储器性能优秀的高配置单一虚拟服务器上进行分析。云服务企业各不相同，有些可能不

---

① 这里的云不是用内部服务器组成云以后再使用的私有云，而是指从外部经营者处购买服务的公共云。

提供高水平的服务，有些可能使用费用过高。

进行分布处理或在多台服务器间迁移数据时，可能会出现数据迁移速度过慢的情况。用户在云端可虚拟捆绑多种服务器资源一起使用，当同时使用物理上处于不同领域的服务器资源时，会出现内部网络瓶颈现象。

三、谷歌分析（Google Analytics，GA）

谷歌分析是一种网络日志分析工具，其所操作的网络日志不是由网络服务器生成的具有通用日志格式（Common Log Format）的网络日志，而是按照谷歌分析的定义编写代码后产生的自定义日志（Custom Log）。因为只要编写代码就可以分析，所以在主页或业务网站、应用程序（App）上都可以操作，生成的日志信息也是多种多样的。

如果在网站上编写谷歌分析代码，网络日志信息会被传送到谷歌服务器。而分析内容可以在登录谷歌服务器后，通过分析看板进行浏览。也就是说，如果使用谷歌分析，即使不另外构建分析系统也可以进行数据分析，如果产生的数据量不大，还可以免费使用。但是应用谷歌分析进行数据分析有几种约束条件，具体如下。

数据的存储时间是 25 个月，而且无法分析迁移的数据。另外，如果分析对象的流量大，即产生的数据量多，会进行取样处理。每月超过 1000 万次点击量、日均 20 万人次以上的访问量、报告查询期间的访问量超过 50 万人次等情况，属于大流量。

如果使用谷歌分析的收费服务，约束条件会减少，年收费 15 万美元的 Google Analytics Premium 可对每月 10 亿次点击量的数据样本进行分析。

四、数据应用程序编程接口（Data API）

我们能否不使用谷歌分析的看板，只获取存储在谷歌分析服务器中的数据，然后使用其他程序进行分析？如果利用谷歌数据应用程序编程接口，就可以从谷歌分析服务器中获取数据。但是，只有正确掌握谷歌分析数据项目的意义，并进行数据收集工作，才能确保数据不产生重复等错误。应用程序编程接口只是向用户打开了可以获取数据的窗口，因此为了周期性地自动收集数据，需要对此进行开发。

除了谷歌分析之外，谷歌数据应用程序编程接口还提供 YouTube Data、Google Calendar 等多种应用程序编程接口。脸书和推特通过相关系统进行宣传、营销时，除了提供可展示相关营销成果的报告系统以外，还通过应用程序编程接口免费开放营销成果数据。

大数据分析除了以上介绍的不需要构建分析系统的情况外，委托专家进行分析，然后接受结果报告或购买已整理好分析结果的报告的分析情形也不需要构建分析系统。

第三节 分析系统概念设计

进行分析系统概念设计时，数据分析师先要了解分析系统的构成要素，然后再掌握构成要素之间的数据流。此外，还要理解构成分析系统的要素的整体结构，培养自身根据情况变更要素结构的应用能力。

一、系统的构成要素

因为系统是用于数据分析的，所以要先区分数据领域和分析领域，然后再考虑各种下层要素。

数据领域的要素有来源、收集、存储、处理。我们将数据产生的部分或需要获取的数据所在的部分（两种相同或不同）称作来源（Source）。数据来源的特点不仅会影响数据收集方法，还会影响数据分析水平。收集和存储数据并按照分析目的进行加工处理的部分，可以成为一个小系统，也可以成为各自独立的大系统。分析领域的要素有表现数据意义、掌握数据意义、决策。这三个部分既可以成为一个整体的应用系统，也可以成为各自独立的系统。数据领域分为收集、存储、处理三个部分，这是很多人认可的划分方式，而分析领域的划分则按照本书中叙述的方式进行。人们有时会将分析结果直接应用在商业运营中，而有时会同时进行数据分析和运营，在这种情况下，运营领域也被包含在数据分析系统中（见图9-4）。

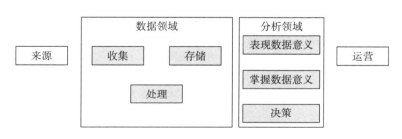

图9-4 分析系统的数据领域和分析领域

我们看一下分析系统具体的构成要素（见图 9-5）。为了用于分析，数据需要经过几个阶段的加工和存储。数据在物理的角度上可以位于多个储存库，按照传统的结构可将其分为临时文件夹（Temp）、操作型数据存储（Operational Data Store，ODS）、数据仓库（Data Warehouse，DW）、数据集市（Data Mart，缩写为 DM，有时直接以 Mart 来表示）。收集、存储、处理是适用于所有来源、临时文件夹、操作型数据存储、数据仓库、集市的数据操作。分析领域可以通过分析时使用的工具形态来体现数据分析的作用。表现数据意义的数据分析工具有联机分析处理、报告、可视化，掌握数据意义的数据分析工具有统计、机械学习和挖掘，用于决策的数据分析工具有最优化、随机过程应用、模拟程序。分析系统所有构成要素中都有迁移数据的操作，这种操作称作抽取、转换、加载（Extract Transformation Load，ETL）。

我们看一下数据领域的储存库。临时文件夹是临时存储从来源处获取的数据的地方。通常，数据迁移到操作型数据存储或数据仓库后，临时文件夹会删除数据。操作型数据存储是直接存储原始数据或加工后的数据的地方。称作操作型数据存储是因为该储存库存储的数据不是像前文介绍的 3 月的销售额一样的合计形态。也就是说，数据分析师使用其并不是为了分析，而是为了以清单的形式对交易内容进行存储作为交易记录以供查询。

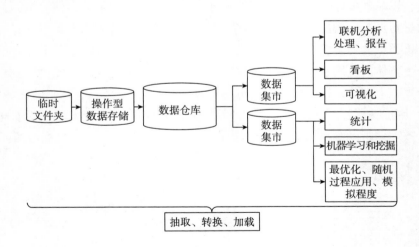

图 9-5　分析系统的构成要素

数据仓库、集市是存储以分析为目的进行加工处理数据的地方。因为数据分析有分析客户或预测销售等特定目的，所以使用集市与仓库对数据类型进行区分。即使只有数据仓库，当其作为小规模数据储存库时，也使用"集市"一词来代替仓库。

二、数据流

从来源处向数据分析领域迁移数据，特别是迁移大容量数据时，通常不直接连接源系统（Source System），而是使用间接的方式。具有代表性的方式是以SAM File（Sequential Access Method File）形态制作数据并迁移，SAM File 意为顺序存取法文件，打开该文件就能看到有序记录的每一项数据，而且记录的数据是像数字或文本一样的结构化数据。我们来看一下以传统的关系型数据库管理系统为中心构建分析系统的情况。

在进行商业交易的企业订单系统中发生的订单信息，通常会被记录在关系型数据库管理系统上，订单系统负责人会定期在关系型数据库管理系统上将订单数据转换成顺序存取法文件。如果将该文件传送到数据分析领域，那么顺序存取法文件将被存储到临时文件夹中，在找出错误的事项后，被传送到操作型数据存储中。操作型数据存储中有之前累积的订单数据，这些订单数据会与新的订单数据合并在一起。操作型数据存储或临时文件夹与操作型数据存储可以由关系型数据库管理系统构成。如果操作型数据存储由关系型数据库管理系统构成，那么临时文件夹中顺序存取法文件形态的数据会转换成符合关系型数据库管理系统形式的数据并存储在操作型数据存储中。

数据仓库和集市也由关系型数据库管理系统构成，操作型数据存储由实体联系（Entity Relationship，ER）模型组成，而数据仓库和集市由多维模型组成。不同的情况下，数据仓库或集市有时也可以由实体联系模型组成。

分析领域的联机分析处理和统计等分析工作可通过集市进行。如果是由多维数据模型组成的集市，那么分析师通常可以利用分析工具轻松地进行数据分析。如果是以特定技术（工具）或模型为了分析而构成的多维数据模型可能不适合进行数据分析，有时还要重新将数据转换成顺序存取法文件形态后导入到模型中①。

前文虽然按照数据流，从源数据开始进行了介绍，但是在实际业务中，应该选好需要进行的分析和该分析需要的数据形态以后再确定适合的系统构成要素。

假设分析系统的数据领域不是由关系型数据库管理系统构成，而是以海杜普分布式文件系统和 NoSQL 为中心构成。如果同样是订单数据，可以像前面介绍

---

① 普通用户经常使用的是 Mahout 或 R 软件。开发接口后，不需要手动转换，可直接在集市使用数据。

的一样，将订单数据的顺序存取法文件先存储在特定位置后再存储在由海杜普分布式文件系统组成的操作型数据存储中。如果仅以存储文件为目的，则可以不用区分临时文件夹或操作型数据存储，直接在海杜普分布式文件中进行分布式存储。但是如果要进行数据分析，则必须按照海杜普分布式文件系统的要求将数据转换成文件后再进行存储。如果想更便捷地进行分析，则需要构建像数据仓库和集市一样的数据库系统。操作型数据存储可以由海杜普分布式文件系统构成，而数据仓库既可以由关系型数据库管理系统（RDBMS）构成，也可以由 Mongo DB 或 HBase 等 NoSQL 构成。

在操作型数据存储（由海杜普分布式文件系统构成）中存储的数据可以按照适合 NoSQL 的方式重组后存储到数据仓库中，也可以不重复存储在数据仓库中，转换成只拥有 NoSQL 数据结构的逻辑信息的形态。那么在这种情况下，从物理的角度看，只在海杜普分布式文件系统中存有数据。使用分析工具时，只根据由 NoSQL 组成的数据进行操作就可以。如果 NoSQL 中有数据，即有数据仓库或者集市时，分析速度比只在海杜普分布式文件系统中有数据的情况更快。如果根据不同的分析内容进行数据重建，那么在考虑分析灵活性和效率性的层面上也应该有独立的数据仓库和集市。

另外，NoSQL 能通过分布、扩张来提高性能，使用 NoSQL 时，可以不用海杜普分布式文件系统。就像关系型数据库管理系统有时可以承担操作型数据存储、数据仓库、集市的功能一样，没有海杜普分布式文件系统，由 NoSQL 构成操作型数据存储、数据仓库、集市可能会更好。

假设为了进行可识别笔迹的机器学习分析而构建一个系统，笔迹照片以图片文件方式存储，那么通常会将该文件直接保存到海杜普分布式文件系统中，或者转换图片文件后进行存储。数据预处理操作不同，分析的质量也有所不同。预处理操作包括，让字体位于图像的中央，将倒过来的图像旋转为正确的方向，对图像大小进行标准化等。即数据在临时文件夹领域经过大量的清洗操作后，被保存到操作型数据存储的形态。在这种情况下，清洗操作不使用普通的抽取、转换、加载（ETL）工具，而需要采用另外专门的程序。

如果使用像卷积神经网络一样的深度学习模型进行分析，那么没必要一定使用转换成数据库的数据，仅由操作型数据存储（海杜普分布式文件系统）构成数据领域就可以。但是，卷积神经网络使用的输入数据并不是图像本身，而是由向量，即由数字组成的结构化数据。

应用协同过滤模型的、以推荐应用为目的的大数据分析系统，越来越需要多种类型的集市。如果应用协同过滤模型计算相似度，则需要能够计算并存储用户—物品偏好度分数的集市，能够匹配新用户的物品偏好度及管理用于连接网分析的数据的集市。

如果想通过图像分析找出对红色或格子花纹特别感兴趣的客户群并用于商品推荐，就需要单独构建用于图像分析的操作型数据存储和存储客户颜色、花纹偏好数据的集市。单独构建集市时，会产生数据仓库和集市、集市和集市之间的数据处理问题。这时，在系统概念结构图中准确、详细地画出数据迁移箭头是非常重要的。

如果要利用分析结果进行物品推荐，就要确认推荐效果，这个功能也要由分析系统来承担。分析系统要以报告的方式提供有关推荐商品的点击数量、购买数量、购买转换率等信息。如果要将这些成果指标按照不同的商品、时期、推荐位置进行多种分析，则要单独构建以传统的多维建模为基础的成果分析集市。

我们现在已经学习了基本的系统结构概念，希望读者重新阅读前文"从数据到分析的距离"的内容后与此进行比较。

三、参考数据

除了分析本身，制定数据的处理标准时也需要数据。如果每个订单都有客户性别数据，那么性别信息大多不会以男/女表示，而是以 1/2 或 M/F 表示。商品信息也通常不用商品名称来表示，而是用商品编码表示，这是企业在获取数据时通常会遇到的情况。虽然在操作型数据存储、数据仓库、集市中可通过简单的编码来处理数据，但是面对普通用户时，要在最终的集市一端显示具体的商品和性别。

管理编码信息的工作可能比想象的更繁重。假设从多个地方获取客户信息，订单数据上显示的性别是 M/F，而退货数据上显示的性别是 1/2，这时在数据分析领域，不仅需要重新定义作为数据处理标准的性别编码，还要定义其与源数据之间的关系，并且使用单独的表进行管理。如果不用表进行管理，则需要进行数据处理源代码映射。但是，这样做会隐藏数据处理规则，很难再使用和修改数据，当需要添加使用新标识方法的源数据或重新定义数据处理标准对数据进行编码时，将会发生很大的困难。

在对商品数据进行编码时，如果编码本身存在问题，就可能需要重新定义数据处理标准。在每个产品只能被赋予一个编码时，如果操作上出现失误，每个产品就可能会被赋予多个编码，或者多个商品被赋予同样的编码。有时由于编码不足，会出现赋予断货商品的编码再次被用于新商品的情况。这种情况虽然在运营管理中不会产生问题，但在进行数据分析时会出现严重的问题。将商品分为大、中、小三类进行分析时，如果商品编码本身没有规则，就应该对编码进行分类。每当操作系统生成一个编码，就需要对其进行分类。虽然有通过机器学习自动对商品进行分类的方法，但是该方法不能按照分析目的对商品进行准确的分类。另外，有时还会出现为了进行简单的商品分析而进行高难度的商品分类分析的情况。

我们再看部门数据。部门数据可以不用编码，只使用部门名称，但是在企划部门将名称变更为战略企划部门或者与其他部门合并为一个部门时，我们怎样制定数据处理标准。虽然可以认为企划部门和战略企划部门是同一个部门，但是如果要分析部门名称变更前后的业绩，就要考虑两个部门各自的编码和将两个部门看成一个部门时的单独的编码。部门和成员的问题与部门变更的问题结合在一起，甚至可以扩大成业绩分配问题，这个问题与数据处理标准的设定以及分析数据建模的事项有关。有关数据建模的基础知识将在第十一章进行介绍，与部门调动有关的数据处理标准的设定问题将在《大数据分析案例研究与实务》中介绍。

对于像编码数据一样可以作为数据处理标准的信息，应该从源头的运营系统开始就做好管理，具有这种管理作用的系统称作主数据管理（Master Data Management，MDM）系统。但是实际的在线交易处理（On-Line Transaction Processing，OLTP）系统并没有做好主数据管理，即使进行主数据管理，也会在分析方面出现不同的观点。对需要分析的标准数据进行定义，并将其包含在分析数据领域也是构建分析系统的重要操作之一。

此外，还需要确定定义分析项目名称的标准。例如，不能只将分析项目称作销售，而是要像销售额、销售件数一样明确定义分析项目才能进行正确的分析。为此，需要进行标准化操作和元数据管理。元数据是数据的数据，例如特定数据的名称是"销售额"，数据类型是"整数"，数据长度是"8位数"。如果这些元数据不符合标准，数据处理就会产生困难。标准化和元数据管理同主数据管理系统一样，也应该从运营系统就开始实行。实际上，数据仓库领域的标准化和元数据管理不完善的情况相当多。

整合的客户数据库、整合的商品数据库是主数据管理系统的一部分。通常企业信息系统的订购、退货、索赔等领域，并不管理所有客户的性别、地区、年龄信息，只拥有顾客编码（键）。客户的相关信息会集中在一处，只在那里对客户信息进行最新状态的管理，这个称作整合客户数据库。实际上，客户属性数据分散在多个地方，而且某一属性具有不同的值的情况也很多。有必要对客户信息进行分析，但是迁移客户数据时需要小心。韩国的《个人信息保护法》等相关法规指出，应该在特定领域对客户数据库进行严格的安全管理。因此，客户数据库不能以可识别该客户的形态迁移到分析系统领域，而是应该生成另外的键，只有除去可识别客户的电子邮件、电话号码、地址等信息的数据才能进入分析数据领域。

在分析领域，具体的操作是在不知道这个人是谁的环境下，按照商品购买周期或购买偏好度对客户进行精细化分析，并筛选出营销对象清单（清单由单独在分析领域生成的客户编码制成），该清单传送到客户管理系统中后会被替换成原来的客户编码进而确认客户对象，系统根据这些信息向客户发送包含营销信息的电子邮件。最终的结果是，在分析领域没有可识别客户的个人信息，但这不会对客户分析和与此有关的商业发展带来影响。

四、与商业运营的关系

构建分析系统最难的部分是当业务同时涉及分析部门与运营领域时，如何处理好各种问题。为了分析而生成新的数据和应用分析结果的时候，常常面临这样的困难。

假设某一网站为了向客户推荐商品而收集商品的关注事项或满意度方面的数据，那么其就需要具有根据购买商品的客户的满意度给予商品星级评分的功能。网站在具备该功能后，还要存储相关的数据并将其传送到分析领域，这些工作无法由数据分析师来完成。网站为了向客户推荐商品而开发数据收集功能的目的和期待获得的成果比较明确，但是在实际情况下，网站开发数据收集功能的目的和期待获得的成果大多不明确，有时甚至为了寻找分析目的，还要制作各种数据进行分析。

其实网站运营领域也具备对网站运营现状的统计报告功能，但是这时的统计属于对现状的统计，不能统计长期趋势。如果网站运营系统能持续存储用于查询当前情况的数据，那么其就成为操作型数据存储。也就是说，在运营系统中有操作型数据存储，而且运营系统负责人制作准确的分析数据的可能性也很高。因此，该网站在构建分析系统时，可以更容易地进行数据装载和验证。最终，分析系统既可以成为运营系统，也可以成为将分析结果直接运用到商业中发挥中间作用的系统。

为了判断各种属性的客户的购买情况而分析过去的数据并求解逻辑回归方

程，是分析系统所具有的功能。对现在进入网站的客户进行购买情况预测，并提出相应提议（Offering）的操作在运营系统中进行。运营系统需要开发将相关客户信息代入回归方程（在分析系统中被确定为分析结果的公式）后进行简单计算的功能，并应用于网站。分析结果有时会以公式的方式得出，有时其本身也能成为运营的模块，如果是模块，则需要嵌入（Embedded）运营系统或与运营系统联动。

五、硬件和软件的构成

从概念性的构成来看，分析系统基本需要存储数据的服务器和分析应用程序的服务器，而服务器则由硬件和操作系统等软件构成。

抽取、转换、加载程序由单独的服务器构成，从物理角度看，该服务器可与数据存储服务器搭载在一起。如果该程序规模小，也可以将其纳入数据存储服务器。

重要的服务器由双重服务器构成，一个服务器停止，另一个服务器也可以运行。即使以分散并联的方式组成多台存储和处理数据的服务器，控制服务器的一个主服务器也具有双重化的倾向。但是分析系统并不像运营系统一样需要经常启动，即使因故障而中断，只要在几个小时内或几天内恢复正常，就不会产生大的损失，因此通常不会进行双重化。

有时根据需要分析系统还会单独组成网络服务器[①]，这样可以有效管理多项同步操作，使广大用户分析时不受影响。在正常的公司环境下，位于不同领域的系统之间的数据迁移、应用程序（分析软件）和数据间的通信需要利用网络服务，即网络服务器进行。

数据存储领域有时由服务器内的磁盘构成，有时由单独的存储系统[②]构成。每个服务器都安装了分析应用程序或数据库管理系统运行所需要的操作系统，每个分析应用程序都需要一个能够管理用户信息、报告信息、模型信息等数据的数据储存库。有些数据储存库需要使用特定的数据库管理系统，而有些会直接内置在应用程序内。

现在我们计算一下服务器容量。大概了解需要做的分析、使用的数据和数据

---

①　其实应该区分网络服务器和网络应用服务器（Web Application Server，WAS），但是在这里不进行区分。

②　个人计算机（PC）中的一个硬盘会分成 C 盘、D 盘，这种操作称作分区（Partition）。如果与此相反，将多个硬盘当作一个使用时，称作磁盘阵列（Redundant Arrays of Independent Disks，RAID）。存储系统作为大容量磁盘阵列，具有优秀的数据备份和恢复能力。

量，以及各领域所需要的技术后，再计算相应技术所需要的计算量和数据量。如果是分布式数据存储技术，就应该制定与重复存储数据有关的政策，如果进行多维数据建模，那么维度和度量值的设计也会对容量产生很大的影响。即使是经验丰富的专家，也不能准确地计算出分析所需的容量，哪怕是大概的容量也很难计算。实际需要的容量也许是计算容量的几倍，但是无论如何都有必要计算容量，这也是数据分析师的义务[①]。

六、云

如果分析系统已有一定的轮廓，并且已计算出所需的硬件、软件，就需要支付服务器使用费用。如果服务器容量的计算非常不确定，或者内存使用量随着时间的推移越来越大，抑或不同时期的使用量差异较大，与购买服务器相比，更应该考虑使用云服务。

特别是学习机器学习和深度学习的模型时，需要很多时间和资源，但是学习之后就不再需要那么多的资源，短期使用云是很好的方法。如果目前已有多台服务器，就可以将其虚拟化以后用作私有云，还可以与外部公共云混合使用，这就是混合云。如果想非常安全地保管重要的数据，就要利用全球公共云。利用数据的双重化服务，一份数据可以保存在中国香港，另一份则可以保存在欧洲。

如果公共数据开放系统正常，那么要开放的数据会持续增加，使用数据的市民也会增加，所以比较适合用云来构成分析系统。目前，Data. gov 正在使用名为"Socrata"的民间数据开放云服务，供全世界人民使用数据。而韩国则由机构自主购买服务器并在开发数据分析系统后提供数据服务。如果想通过开放应用程序编程接口使用数据，就要提供营业执照，经过审查后才能获得服务使用许可。那么，为什么不用云来构成分析系统？以前笔者得到的解释是："没有允许使用云的规定。"不过，现在已经有了发展云计算及保护用户使用数据的法律。

七、个人计算机和试验性分析系统

我们是否要将个人计算机也看作分析系统构成要素？随着可以免费使用的开放源码、免费程序的增多，分析师在个人计算机上进行分析工作的频率也在增加。如果使用个人计算机连接数据集市的需求较多，那么就应该将其看作需要管

[①] 回避或表示不懂得如何计算服务器容量的数据分析师和设计师非常多。如果专业人士不能计算容量，那应该由谁来做呢？在不确定的环境中，应该设置前提条件和假设条件，并以此计算服务器容量。《大数据分析案例研究与实务》中将以这种方式对容量计算进行介绍。

理的分析系统构成要素。

另外，如果是在个人计算机上进行测试，然后确定分析模型，并将其反映到服务器上，那么个人计算机将成为重要的分析系统构成要素。在个人计算机上使用 R 软件，并将确定的分析模型登记到服务器上，其自动连接到数据集市进行周期性分析的形态就属于这种情况。个人计算机上通常安装的是普通的 R 软件，而在服务器上则安装的是可同时进行操作（多线程）和分散并联处理的服务器专用的 R 软件。

进行机器学习时很难计算和预测需要的系统资源，所以在服务器上进行分析时，可能导致其长时间无法进行其他操作或瘫痪。因此，需要在个人计算机上使用样本数据进行分析测试，然后再使用服务器进行分析。如果先制作试验性分析系统，然后构建正式的分析系统，并且在另外的开发服务器上开发数据再将其迁移到实际的服务器上，那么除了正式的分析系统的构成要素，还要考虑试验性分析系统的构成要素。

第十章　大数据的采集和存储

第一节　数据分析的原因

笔者想再次强调，在正式采集数据之前，要先考虑数据分析主题，以确定分析需要的数据。

有时虽然有分析主题，但是可能没有匹配的数据，在这种情况下，需要制作数据或找出可以替代的其他数据，有时也存在将分析主题本身制作成数据的情况。假如需要对经济前景进行分析，那么应该采集什么样的数据？有些人采集股票价格指数、物价指数数据，并以此进行趋势分析；有些人采集社交网络服务的内容后，分析有关经济的正面单词多还是负面单词多。此外，还可以利用与经济预测本身有关的数据来反映经济前景。消费者调查指数（Consumer Survey Index，CSI）或商业调查指数（Business Survey Index，BSI）就是这样的数据。消费者调查指数的计算基础是以普通消费者为对象的问卷调查，而商业调查指数的计算基础是以企业家为对象的问卷调查。

图 10-1 是从韩国统计厅运营的国家统计门户网站（KOrean Statistical Information Service，KOSIS）上查询到的有关消费者调查指数的内容。除了未来的经济发展趋势信息，该机构还参考当时的生活水平、经济形势、就业机会、家庭收入前景等因素，根据消费者的性别、年龄、薪资水平、所在地区等情况，提供了2015 年 7 月至 12 月每个月的消费者调查指数信息。

消费者调查指数是反映消费者心理的指标，范围是 0~200，标准值是 100。如果指数在 100 以上（以下），就意味着做出正面（负面）回答的消费者多于做出负面（正面）回答的消费者（对 BSI 也可以做出同样的解释）。

指数编码	分类编码	2015.12	2015.11	2015.10	2015.09	2015.08	2015.07
未来的经济发展趋势CSI	全体	84	89	91	88	87	86
	男性	83	89	91	88	87	87
	女性	88	88	89	86	88	85
	40岁以下	80	83	86	82	80	83
	40-50岁	82	87	90	87	87	84
	50-60岁	83	89	92	91	89	84
	60-70岁	90	95	93	93	92	90
	70岁以上	96	102	100	96	100	94
	公司职员	81	86	89	85	84	83
	个体工商户	84	89	91	89	89	91
	其他	91	96	96	95	94	91
	100万韩元以下	91	93	96	93	95	92
	100-200万韩元	86	91	90	87	89	83
	200-300万韩元	82	89	90	86	86	84
	300-400万韩元	85	90	90	88	88	85
	400-500万韩元	81	85	89	88	84	86
	500万韩元以上	83	87	92	89	88	88
	自有	84	90	92	89	89	88
	租赁等	83	85	88	85	83	83
	首尔	85	90	90	89	87	85
	6大广域市	82	86	89	86	85	87
	其他城市	84	90	92	89	88	86

图 10-1　韩国消费者调查指数

笔者认为与其艰难地采集各种数据，并使用复杂的模型进行分析，不如轻松地采集合适的数据，掌握其意义以后，以视觉化的方式集中展示。如果要分析行业风险或预测企业破产风险，那么应该采集哪些数据？从专家们制作的分析模型来看，他们经常采集各种经济指标和企业财务信息、信用评价信息，以及新闻报道或其他媒体报道中有关行业或企业的文章，将两方面结合在一起进行分析。

企业财务信息可以从国家每年公布一次的财务报表中获取，当年春季发布的财务信息是对上年状况的总结。虽然我们当月可以获取上个月的企业信用评价信息，但是由于信用评价以财务报表为主要依据，所以以实时的标准来看，还存在很多不足。那么媒体报道的内容呢？大部分报道都像破产管理一样，在问题发生以后才报道，因此对风险预测没有太大帮助（当然比财务报表快）。有些公司在业绩不佳时，反而会使用媒体炒作等手段提高关注度进而提升业绩，所以通过报道内容提前掌握企业风险信号存在很多不确定性。

尽管这些数据本身存在问题，但是有的专家表示，只要采集各种数据，使用看起来复杂、难度大的模型，就会得出好的结果。我们不应该相信这样的话，所以要思考哪些数据最适合分析。当某个组织的情况不佳时，组织成员的变动就会加剧。当员工对企业长期的前景持悲观态度，或者组织无法正常支付员工工资时，成员就会严重流失。如果能通过数据知道公司辞职者增多，并且因为无法补充人员而导致成员人数减少，或者成员人数不变，以大量的新增人员弥补原有人员大量减少的情况，就可以分析公司的风险性。对于行业的风险，也可以通过处于该行业的公司人员的增减来分析。

公司每月都会为员工缴纳社会保险费，如果公司每月都有员工离职和入职，那么其每月都会向社会保险机构申请减员和增员，社会保险机构拥有这些数据。因为能够掌握人员离职和就职的情况，所以分析行业中心发生转移的情况，也以每月的人员变动情况为基础进行。在韩国，地方自治团体也拥有部分公司人员变动方面的数据，因此100人以上规模的公司每月都要向地方自治团体提交在职从业人员的信息，并且缴纳居住税。

在未公开的公共数据中，有很多是分析所需要的数据。在不产生安全问题的情况下，使需要这些数据的人们很好地利用这些数据，这样的工作应该由谁来负责？

第二节　大数据的采集

一、用于采集大数据的开放源码抽取、转换、加载

与迁移数据有关的大部分的数据采集、存储、处理问题都可以通过抽取、转换、加载工具来解决，但像拓蓝（Talend）、彭塔霍（Pentaho）这样的开放源码程序，在性能和功能上要比一般的抽取、转换、加载工具出色。在特定情况下，使用这些开放源码程序虽然可能需要购买商业版本，但是它们仍然可以视作是值得推荐的、非常不错的程序。

采集数据时，程序的采集功能和可掌握采集工作在特定时间内周期性执行的情况、工作的执行状态、执行状态非正常时的原因监控和日程安排情况的功能非常重要，而商业程序具备这些优秀的功能。

有时，数据的采集还包括分配和实时。因为实时的数据采集除了单纯的数据采集以外，还需要从处理数据的角度去理解，所以实时的数据采集将在本书第十一章"大数据的处理"中进行介绍。

二、需要采集多少、采集几次

采集数据时，除了要考虑采集的内容，还要考虑采集的数量。假设每天凌晨在获取订单数据，那么是否每天都要获取所有订单数据？或者因为昨天已经采集了截至前天的所有数据，所以今天只获取昨天一天的数据就可以？对于采集的数据数量，笔者认为采集一个月的数据似乎比较恰当。

只要有订购的行为，就会有取消订单的行为。除了正常的订购和取消订单的行为之外，还有因更正错误信息而删除或追加订单的情况。有时还会由于订单接收系统故障而发生当时工作人员手动记录相关信息，第二天再将该信息输入订单系统的情况。采集数据时，应该考虑这些更正工作涉及的时间和"截止"时间，然后确定采集时间。"截止"是指在特定时间内确定规定的时间段内的数据。截止的数值即使有错误，也可认定为正式的数值，不需要修改，直接使用就可以。

就像每天采集和存储数据一样，有规律地多次获取数据的操作称作周期装载。在进行周期装载前，一次性获取目前的所有数据的操作称作初期装载。开发新的系统后，将数据从旧系统移动到新系统的操作称作数据迁移（Data Migration），数据迁移只有初期装载的形态。

三、采集外部数据

需要采集的数据对象可能在组织内部，也可能在组织外部，有时我们还需要购买外部数据。

对商业问题进行分析时，笔者建议使用外部数据。通常，在分析掌握市场占有率这样的整体市场规模时，需要寻找外部数据。如果要掌握全体客户数量，可以查找地区人口进行统计数据；如果是 B2B（Business-to-Business 的缩写，是指企业与企业之间通过专用网络或互联网进行数据信息的交换、传递，开展交易活动的商业模式）的交易方式，可以查找企业数量进行统计；如果业务涉及医药等特定领域，可以查找各地区的医院数量和病床数量；如果是以学生为对象的业务，查找各年级的学生数量进行统计会有帮助。采集外部数据在技术层面上有爬取（Crawling）、开放应用程序编程接口等方式。

爬取是采集网页的内容后进行数据化的方法。[①] 因为能够随机访问网页采集数据，所以要特别注意著作权的问题。有些网页上会有反对访问者自动采集数据

---

① 采集网页的所有内容，网页源码的抓取功能不包含在这里。

的声明，要求用户遵守"Robots 协议"。数据采集程序如果开发抓取功能，则需要另外开发探知存在这类协议的网页并且不再访问这些网页的功能。但是，即使网页上没有这样的协议，著作权的问题同样不可忽视。①

爬取时在半结构化形态的网页上只对必要的部分进行数据化，所以文本句法分析（Parsing）技术非常重要。句法分析是切除型的技术，分离多余的超文本标记语言（Html）命令，将文章切割成单词，或者从单词中分出个别单词，抑或筛出助词。爬取内容，可以使用 Scrapy、Nutch、Crawler4j 等框架（具备基本功能，可利用提供的代码单独开发出具有扩展功能的程序）。

开放应用程序编程接口是提供数据的一方允许外部采集数据的方式。如果想用开放应用程序编程接口采集数据，只要按照相关应用程序编程接口的使用指南操作就可以。就像谷歌应用程序编程接口一样，目前很多人使用的应用程序编程接口还拥有使其使用起来更方便的适配器。如果使用像拓蓝一样可提供多种适配器的抽取、转换、加载工具，只需选择从哪个系统获取数据就可以。

应用程序编程接口是连接外部和内部系统访问和收集数据的接口，虽然在技术上可以访问和采集数据，但在实际中遇到的困难仍然比较多，最有代表性的就是外部系统与作为全球企业资源计划（Enterprise Resource Planning，企业运营所需要的会计、人事、制造等基本系统）解决方案的 SAP 之间的接口问题。因为代码和数据信息是隐藏的，如果不是开发者，就不知道其中的内容。因此，即使利用 SAP 适配器获取数据也无济于事。

四、采集日志数据

采集日志数据最常见的方式是在产生日志数据的源头上以文件形式制作日志数据，然后分批获取该日志文件。由于日志文件通常以生成日期或"日志文件名.日期"的形式存储，因此要根据日期动态地设置文件名。一般通过编程获取文件生成时间后可读取日志文件。

如果日志数据是超大容量或需要实时采集的数据，那么就应该使用合适的数据收集技术。作为阿帕奇（Apache）开源项目（Open Source Project）的 Cloudera 的 Flume、Chukwa 和作为脸书开放源码（Facebook Open Source）的 Scribe 就是具有代表性的数据收集技术。Flume 可以通过多种渠道采集数据，以多种方式传送，并可以轻松地进行扩展。Chukwa 依赖于海杜普，而 Flume 可以按照 CSV、

---

① 曾经有一个人以付费会员的身份登录某网站，获取付费会员专享的信息后将其发布到自己的网站上，后因盗用信息被判支付赔偿金。

HDFS、Hive、File、KafKa、HBase 等多种形态进行数据存储。

五、数据库管理系统和海杜普之间的数据迁移

从海杜普向数据库管理系统迁移数据或从数据库管理系统向海杜普迁移数据使用的具有代表性的技术为 Sqoop。Sqoop 使用数据库管理系统提供的 Java 数据库连接[①]进行数据迁移，生成可以存储在海杜普中的 Java 源码。在这个过程中，需要注意数据类型是否产生变化。

本节介绍的技术都在各自的领域拥有优点，而且由于具备基本的数据迁移功能，所以还能应用在其他领域。因为数据采集的各种操作都相互连接，所以有时需要进行数据有序或并行处理。如果系统发生故障，还要进行自动重启等操作。这种操作通过抽取、转换、加载工具进行管理，而海杜普领域的专业化技术则有 Oozie。

第三节 大数据的存储

数据可以不同的形式存储在文件或数据库中。当然，文件数据也可以存储在数据库管理系统的数据库中，但是在这里仅限于按照本身的功能使用。

一、存储为文件

海杜普分布式文件系统将数据存储为符合海杜普分布式文件系统要求形式的文件。如前所述，虽然可以直接按照一般文件形式存储数据，但是因为收集存储数据以分析为目的，所以存储数据采用的不是像 PPT 或 Word 一样的文件，而是像日志文件一样的数据文件形式。

海杜普分布式文件系统是将数据放入连接在海杜普网络的"任意设备"上的分布式文件系统，由多个节点（服务器）组成的海杜普系统能使数据自动重复。因此，一个节点发生故障或运转速度缓慢时仍然可以访问数据。这里的"任

---

① Java 数据库连接（Java Data Base Connectivity，JDBC）是用于连接和操作数据库管理系统的 Java 标准接口。Java 用 Java 数据库连接应用程序编程接口能处理各种数据库管理系统与数据相关的操作。通过 Java 语言定义数据库的标准接口以后，各家数据库公司可获取 Java 数据库连接接口并使之适合自己的数据库，然后使用适合数据库管理系统的驱动程序，就可以查询和更新数据。

意设备"是具有存储功能的任何设备，就算是旧手机等设备也可以。根据海杜普专业公司 Cloudera 提示的规格，存储设备应是中等水平的处理器，具有 4GB ~ 32GB 的内存、网络连接及开关、避免海杜普运作导致网络拥堵的专用交换基础设施，每个设备配有 4~12 个驱动器、非磁盘阵列（RAID）方式。

我们通过思考可以知道，公司内若有很多老化的服务器，为了再次利用这些设备，可以应用海杜普分布式文件系统。创造了海杜普的专家们如果看到有些人为了构建大数据系统而购买高价的新的服务器，并以此构建海杜普平台，会有怎样的感受？海杜普分布式文件系统与普通的文件系统不同，该系统不以文件为单位，而是将文件分成块（Block）以后分别存储在多个服务器中，因此可以存储比磁盘容量还大的文件。此外，其只要增加服务器，存储容量就会增加，性能也会随着服务器数量的增加而逐步提升。[1]

内含文件的服务器称作数据节点，为了容错，一个文件会被复制（重复）成多个文件，在被分成块以后分布到多个数据节点，管理文件系统的信息更改的服务器称作名字节点。名字节点（Name Node）中管理的信息是以文件为单位的元信息，而这些信息可在存储器中进行处理。因此，比起存储多个小文件，存储成大文件更有利于分析。如果名字节点发生故障，系统的运转会中断。海杜普分布式文件系统的 2.x 版本支持名字节点的双重化，而之前的版本因名字节点的弱点和安全等问题，在实际使用过程中有很多约束。

在海杜普分布式文件系统中，数据通过系统的均衡（Balancing）功能被均匀地分布在数据节点上。增加服务器时，如果再操作一次均衡（Balancing）功能，就可以轻松地再次分配数据，即数据的扩展或管理都比较容易。使用海杜普分布式文件系统的另一个优点是可以有效地使用磁盘、分散网络负荷。但是，这需要有足够的数据节点对数据进行分布式存储。所以，与高配置的服务器相比，数量更多的低配置服务器更适合海杜普分布式文件系统（HDFS）。

前文多次强调，采集或存储数据的目的是进行分析，海杜普分布式文件系统也一样。海杜普分布式文件系统不是存储系统，而是为了分析数据而进行数据存储的系统。更确切地说，就是为了读取数据而进行数据存储的系统。其存储文件时，因为需要复制多份文件，所以会占用很多网络和磁盘资源，而读取文件时，是以分散的数据为对象，所以只需要使用较少的资源，并且没有卡顿，但是存储过一次的文件将无法变更，只能用新文件覆盖。最终的结论是，虽然海杜普分布

---

[1] 这个称作横向扩展（Scale-out）方式。为了提高服务器的性能，将现有的中央处理器（CPU）或内存、磁盘提升（Up）至更高配置的方式，称作纵向扩展（Scale-up）。

式文件系统适合存储大数据，但是对于存储本身来说，并不是最优化的系统。

二、存储至数据库管理系统

数据库管理系统是能使用户方便地定义和操纵数据的程序，如果不严格区分，也可以称作"数据库"。

因为在关系型数据库管理系统中查询数据时，需要使用结构化查询语言（Structured Query Language，SQL）这样的标准语言，所以通常将关系型数据库管理系统称作 SQL，将其他不同的、像文档类型或键值类型一样的数据库管理系统称作 NoSQL。客户属性信息或销售信息位于不同的位置（表）时，结合这些信息求出不同性别的客户的销售额的操作称作 SQL 连接。在 NoSQL 中，通常不支持连接（Join）操作（NoSQL 只在一个位置存储数据）。

因为 NoSQL 的结构比较简单，所以像海杜普分布式文件系统一样，可以对多个服务器进行分布处理，但是 SQL 难以进行分布扩展。称作 NewSQL 的数据库管理系统可以进行分布扩展并使用 SQL（包括连接在内的标准 SQL 所支持的复杂的数据处理命令）。NewSQL 与 NoSQL 一样，是因为与原有的数据库管理系统存在相对差异而形成的概念，并不是从学问的角度定义的，不同的人可能有不同的定义和认知。

数据库管理系统产品的类型超过数百种，值得关注的开放源码数据库管理系统，每年会发表 10 种以上。要了解数据库管理系统，先要准确地理解数据模型（模式）[①]。在本书中，笔者先向大家介绍关系型模型、多维模型、列模型、键值模型、文档模型、图模型。

以关系型模型为基础的关系型数据库管理系统也能应用多维模型，但是在我们主要使用的数据库管理系统中，则没有以多维模型为基础的数据库管理系统，即数据模型和数据库管理系统的类型虽然有关联，但互不从属。关于这个部分，笔者将在第十一章"大数据的处理"中，从数据分析的角度进行介绍。

下面介绍的内容需要以一定水平的数据建模知识为理解前提，并且以下只说明对数据分析有用的基本概念。

（一）关系型模型

为了没有重复的数据，即为了最大限度地再次利用数据，关系型建模会将同一性质的数据组成一个表，并使用通过 ID 做成的键连接各个表。

---

① 在这里使用了"模型"和"模式"这两个词语，因为下文还要介绍名为建模的有关模型设计的操作，所以笔者选择使用"模型"这一词语。

如果单独制作商品表、客户表，并对各种表赋予商品 ID、客户 ID，那么每次销售时，就不再需要记录商品属性（商品类型、商品颜色等）、客户属性（性别、年龄段等），只在交易表上管理商品 ID、购买客户 ID、交易 ID 就可以。

如果使用结构化查询语言，关系型模型可以非常灵活地在数据库管理系统中查询信息，但是建模（即与设计有关的操作）时消耗的时间比较多，一旦形成，则很难变更所设计的结构。

（二）多维模型

多维建模的唯一目的就是进行分析。如果关系型模型以数据为重点，那么多维模型则以信息为重点。该模型可提高信息（而不是数据）的再次使用率，能够决定分析的内容（对什么进行怎样的分析），并根据这些内容和各种观点（维度）的度量值，对这些数据重新进行组合。如果用各种商品、各位负责人、各地区（维度）销售额、销售件数（度量值）组成数据，那么用各种商品的销售额、各种商品和各位负责人的销售额、各地区和各种商品的销售件数组成数据时可以再次利用以上信息。

因为销售额、销售件数是类似的信息，所以能组成一个表，投诉件数等度量值则单独组成一个表，这样的表称作事实表。每个事实所关联的维度都不同，有时日期和商品维度之间可以相互关联，有时负责人和地区之间则不能关联。

进行概念性的建模后，为了再次使用信息，需要重新组合数据（为了得到各维度组合的度量值，进行重复计算）；为了方便分析师（而不是开发人员）进行分析，需要加上列名称或添加列的说明。

多维模型也可以使用结构查询语言查询数据，查询时不需要担心数据的匹配性（指进行合计等运算时得出准确的数据值），即使是普通用户也可以轻松地进行分析。但是多维模型与关系型模型一样，设计时耗费的时间比较多，而且一旦形成，则很难变更设计的结构。此外，对于未在模型中事先进行定义的商业提问，其也无法给予答复（无法查询）。

（三）列模型①

列模型和键值模型从表面上看起来比较相似，而且事实表之间没有关联，独立组成，即基本没有事实表之间的结合，因此也不支持连接查询。

以下利用如表 10-1 所示的商品数据构建列模型。

---

① 这部分参考了 Michael Bowers 发表的资料。

表 10-1　某商品的数据

销售店 ID	商品 ID	商品类型	负责人	商品价格
1	02	幼儿用	Kim Noin	100
1	14	成人用	Park Geoseun	150
1	15	成人用	Moon Inyu	130

　　先添加事实表的名称。如果集中几个事实表，并且当作群组来管理，就加上数据库（DB）的名称。原来当作键使用的销售店 ID 和商品 ID 可以直接使用，并在名为列类型（Column Type）的新的列上，将表 10-1 中剩余的三个列名称变更为单元格（Cell）（原来排成一行的列名称，现在变成一个列）。在列类型（Column Type）列的旁边，再添加时间戳（Time Stamp）列和列值（Column Value）列。得到的列模型具体如表 10-2 所示。

表 10-2　列模型

数据库	Table	销售店 ID	商品 ID	列表型	时间戳	值
商品	商品销售	1	02	商品类型	20151203	幼儿用
商品	商品销售	1	14	负责人	20151203	Kim Noin
商品	商品销售	1	15	商品价格	20151203	100
商品	商品销售	1	02	商品类型	20151203	成人用
商品	商品销售	1	14	负责人	20151203	Park Geoseun
商品	商品销售	1	15	商品价格	20151203	150
商品	商品销售	1	02	商品类型	20151203	成人用
商品	商品销售	1	14	负责人	20151203	Moon Inyu
商品	商品销售	1	15	商品价格	20151203	130

　　列模型能让用户更快地查询分析所需范围内的数据。具体的操作是将列值（Column Value）以外的所有列当作键以后，查询表中的项目。

　　（四）键值模型

　　键值模型分为设置多个键的类型和只使用一个键的类型。使用多个键的模型称作多维键值模型或有序键值模型，只使用一个键的模型称作简单的键值模型。

　　我们了解一下键值建模，这个可以理解为制作结果表的过程。先将所有的属性连接起来输入到表中，然后观察键是否被安排在同一位置。商品销售表要位于商品数据库内，销售店 ID 要位于商品销售表内，商品 ID 要位于销售店 ID 行内，其他行也要同样安排（我们可以使用列模型做的表 10-2 来理解）。

我们可以快速查询相当于键（即位于键内）的所有值，这时需要掌握较多的顺序组合，当进行键值建模时还需要有分配键。就表 10-2 来说，组成了（商品/商品销售/1）、（商品/商品销售/1/15）这样的键进行数据查询，那么 1 号销售店的所有单元格、15 号商品的所有单元格中的内容就将成为结果值。

键值模型结构简单，具有优秀的扩展性，而且分片（Sharding）与复制也比较容易。为了解决数据库的容量限制，使用将数据分散到几个数据库的分布式存储方法，称作分片。进行键值建模时，因为键是确定分片战略的基准，所以要考虑每个键的数据量，并根据键对数据进行分布式存储。[1] 因此，键值模型需要注意键的设计，而且没有像 SQL 一样的标准的数据查询应用程序编程接口，需要通过应用程序来开发连接端口。简单键值模型的数据查询特点与多维键值模型相同，即通过简单和无意义的一个键进行数据查询。

如表 10-3 所示，键（Key）位于前面，值类型（Value Type）列紧随其后。这与在列模型或多维键值模型中添加事实表名称是同样的意思。

表 10-3　键值模型

键	值类型	销售店 ID	商品 ID	商品类型	负责人	商品价格
1	商品销售	1	02	幼儿用	Kim Noin	100
2	商品销售	1	14	成人用	Park Geoseun	150
3	商品销售	1	15	成人用	Moon Inyu	130

如果有需要查询的属性，还可以设置次索引（Secondary Index）。在多维键值模型的例子中，如果要迅速查询与负责人有关的所有数据，只要对负责人设置次索引就可以。但是这样设置，会使数据输入、修改、删除的操作变得缓慢。

（五）文档模型

此处的文档不是指像 PPT、Word 文件一样的普通文档，而是聚集了 JSON、XML 形式的文本数据的文档。与 JSON 相比，XML 更接近于普通的文档表现方式，所以 JSON 文档比 XML 复杂，但是更有利于进行相关搜索，更适合开发应用

---

[1]　分片是拆分数据后存储在其他地方的方法，与关系型数据库管理系统中的分区（Partitioning）相同。通过年龄段区分客户数据时，数据可能会集中在某一特定年龄段上。根据年龄段的这一属性（范围）对客户数据进行深度分片的方式，称作垂直分片。根据数据类型进行分片的方式，称作水平分片。示例表可以看作按照"列类型"进行的分片。在以关系型数据库管理系统为基础的多维模型中，当事实表变大时，其会按照年度分割事实进而进行分布式存储，有时还会在每个服务器上复制维度表，然后进行分析。

程序。

我们用文档模型表现如表 10-1 所示的商品数据。在图 10-2（a）中，表 10-1 中的一行内容被定义为一个文档，三行内容都被赋予 ID 并做成了文档。文档一共是三个，这些文档集中在一起称作集合（Collection）。在列模型中，我们增加了 DB（商品）和 Table（商品销售）列，而 Table 与文档模型中的集合相同。在文档模型中，列名称可与属性（Attribute）连接，列值可与值（Value）连接。

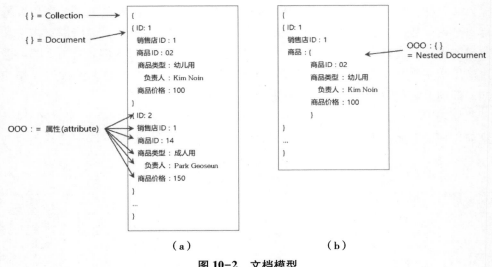

（a）   （b）

图 10-2　文档模型

图 10-2（b）是文档模型的另一个示例，这是文档内还有另一个文档的形态，将商品 ID、商品类型、负责人、商品价格又做成了一个文档，这种文档内的文档称作嵌套文档（Nested Document）。

我们还可以将嵌套文档提取出来，并将商品提取到其他集合。如果有销售店的其他信息，那么可将该销售店的信息做成文档（集中这些文档就成为销售店集合）作为参考。原来的文档称作交易文档（Transaction Document），作为参考的文档称作参考文档（Reference Document）。图 10-3 是使用和参考销售店文档的形态。

交易文档、嵌套文档和参考文档都可以成为文档模型。文档建模就是将每个交易（表中的一行）都做成文档，这里的文件 ID 成为主键（Primary Key），并且在考虑查询数据的情况下，制作次键（Secondary Key），这是构建嵌套文档结构的意思。在图 10-3 中，销售店 ID 就是次键（Secondary Key），可以此生成参考文档并进行连接。

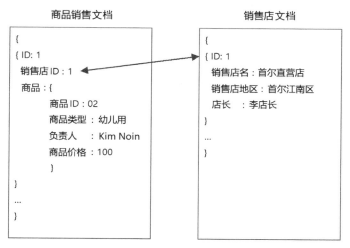

图 10-3 参考文档模型

文档模型能够使数据分析师轻松而迅速地应对属性添加这样的事项，能够快速地进行数据开发，但是不能使用 SQL，并且比列模型或键值的运转速度慢。

（六）图模型

笔者在前文介绍过，文档模型中的商品销售文档和销售店文档互有关联。我们将这种互为关联的文档、表或列定义为项目，项目之间存在参考的关系。如果用节点表示项目，用弧（连接线）表示关系，就会显示出曲线图的形态，所以称作图模型。

进行图建模时，先定义有明确意义的关系。在图模型中，关系对项目赋予意义，并因此实现数据查询功能。如果这时要表现关系，可以搜索关联开放词表（Linked Open Vocabularies，LOV）并利用现有的关系本体（Ontology），这样操作比较容易。

在定义关系以后，对项目赋予 ID，并要在项目上添加名称、类型等元数据。如果是允许将文档作为项目的数据库和允许在项目上添加属性的数据库，那么在添加元数据的操作过程中直接使用数据的相应功能就可以。如果不是，就将元数据看作项目并定义项目连接的关系，最后要对所有的关系赋予三元组（Triple）。三元组由主语（Subject）、谓语（Predicate）、宾语（Object）组成。以下例子定义了两种关系：

{ "triple": [

{"subject"："商品交易文档1"，"predicate"："参考"，"object"："商品属性文档3"}

{"subject"："商品交易文档1"，"predicate"："参考"，"object"："门店信息文档1"}]}

在图模型中，可以查询数据关系模式，还可以使用名为 SPARQL 的标准查询语言，但是因为图模型形式比较简单，所以无法进行精细化建模，与其他系统的整合也比较困难。

三、存储到磁带、存储器

数据存储为文件或存储到数据库时，通常以存储到磁盘为前提。我们思考一下除了磁盘以外，还有什么数据存储媒体。在磁盘上分散地存储数据的海杜普分布式文件系统因为大容量和费用低廉，成为商用关系型数据库管理系统和存储器的替代方案。如果在同样以磁盘为基础的数据存储条件下考虑容量和费用问题，那么只有使用磁带存储数据。如果不以分析为前提，只考虑存储，将数据存储在磁带上是合适的。

实际操作中，磁带也被用于保存和备份 CCTV 视频文件和金融机构的历史交易数据。谷歌也用磁带保管 GMail 数据，亚马逊的云归档服务——冰川（Glacier）也以磁带为基础。

为了进行实时处理和快速分析，通常不将数据存储在磁盘，而是存储在内存中。理论上，任何类型的数据库管理系统都可以存储在磁盘和内存中，但是为了达到使用内存快速操作的目的，数据分析要使用结构比较简单的数据模型。因此，适合使用内存或称作内存专用的数据库管理系统以列模型或键值模型为主。最具代表性的开放源码内存数据库管理系统 Redis 就是简单的键值模型。

使用内存时，稳定的运营环境非常重要。如果内存中的数据量比分析使用的数据量小而发生交换（Swapping）[1] 现象，就会出现严重的性能下降或查询失败，即使是稳定的商用数据库管理系统也会出现这样的风险。

四、设备和 NewSQL

设备是指不需要安装和设置程序，只要打开电源就可以直接使用的机器。因此，其具备包含应用程序和数据库管理系统、操作系统的软件和包含中央处理

---

① 如果内存里的某些操作出于某种原因而中止，那么相应的操作会被驱赶到磁盘进行，磁盘中的这个地方称作交换区。

器、内存、磁盘（存储器）的硬件，使用前要进行最优化设置，以发挥最佳性能。

在大数据分析中，设备的核心是性能。如果按照上述的定义，其应该将硬件和软件整合在一起，但是在实际应用中仅由软件组成的设备也可以称作软件型设备。软件型设备的概念之所以被认可，可能是因为其能将云作为硬件资源灵活地进行整合。

设备是以关系型数据库管理系统作为基本数据库技术的、性能最大化的机器。因为具有成熟的已有技术和易于管理、运营稳定的优点，所以即使费用较高，但在重要的商业领域中还是比海杜普系统受欢迎。

设备又称大规模并行处理（Massively Parallel Processing，MPP）机器，在数据库层面上，大多是 NewSQL。设备通过内存、中央处理器、输入/输出（Input/Output，I/O）技术能对数据进行最优化处理，有时为了提高设备内的通信速度，还会应用无限带宽技术（InfiniBand）。

要提高设备与 NewSQL 的速度，需提升硬件的性能水平。使用内存时，除了使用随机存取内存还使用中央处理器内存，使用固态硬盘（SSD）而不使用普通磁盘都是为了提高服务器内的通信速度，与使用无限带宽技术（InfiniBand）的目的相同。

我们选择数据存储的技术时，应先考虑利用数据要做的事情，然后根据是进行复杂的商业分析还是只进行简单的处理或分析，或者是直接在网站进行分析还是在应用程序中进行分析，确定需要的数据模型，进而选择可支持相应数据模型的数据库管理系统，做这一选择时需要考虑数据库管理系统的费用和商业运营需求。

对 NoSQL 和内存数据库管理系统的开放源码（非商业版本）感到失望的开发人员、运营人员比较多，笔者认为这是在不懂相关技术而且期望过高的情况下使用数据库管理系统的必然结果。

第四节　数据的质量

一、数据的质量标准和认证

采集和存储数据时，需要考虑数据的使用是否有问题、能否达到使用效果。

如果要保证数据质量，不仅数据本身的质量要过关，而且数据管理体系、数据安全体系也要达到一定水平。韩国数据产业振兴院的三个部门各自负责数据质量、数据管理体系、数据安全体系的认证业务，并且韩国数据产业振兴院的数据质量认证网站（www.dqc.or.kr）还对数据质量和数据质量管理进行了详细的说明。

　　如果了解数据质量认证所涉及的事项，就可以从相反的方向知道如何提高数据质量。数据质量认证时，通常会检查域和业务规则。域可细分为编号、金额、名称、数量、分类、日期、比率、内容、编码、键、遵守标准、缺失值（Missing Value）分析；业务规则可细分为关系人、商品、合同、活动、交易、资源、支持、生产。如果要检查域的金额，并且假设有商品价格数据时，需要查看商品价格的最大值、最小值是否在规定的范围内，确认根据全体或各个维度对相应数据进行合计的金额是否正确。如果要检查业务规则的合同，则需要确认合同期限是否有效，本金和利息计算是否正确。

　　检查数据质量管理体系时，需要确认维持数据有效性（准确性、一贯性）和应用性（实用性、易操作性、及时性、安全性）的管理体系处于 1~5 级中的哪一级。

　　数据安全体系与数据安全政策、数据库访问控制、数据库加密、数据库操作授权、数据库弱点分析一样，需要确认与数据库安全有关的所有技术要素。

二、大数据的质量标准

　　一直以来都有人主张大数据的质量标准应与过去的数据质量标准有所不同。通过前面的一些介绍可以猜测，现有的数据质量检查以数据库化的数据为基准，在狭义的角度上则以关系型数据库为对象。在数据质量检查示例中，检查像贷款金额不能大于担保金额一样的业务规则的情况比较多，如果业务规则变得复杂，就必须利用数据连接查询功能进行数据质量分析。

　　我们看看社交网络服务数据。对记录在社交网络服务器上的表达个体政治意见的文本数据进行采集，将它们归类为肯定/否定/中立中的一种，并进行存储。如果以这个结果进行舆论趋势分析，那么哪些数据将是需要进行质量管理的对象？最初采集的文本数据虽然是第一次采集的数据，但是可以看作信息或内容，而不是数据。被归类为肯定/否定/中立的数据是分析结果，既可以看作信息，也可以看作用于进行趋势分析的数据。如果按照系统位置进行区分，文本数据就在操作型数据存储器中，肯定/否定/中立数据则在数据仓库、集市中。如果将质量管理对象看作可归类为肯定/否定/中立的数据，那么直接使用"确认是否存在不属于这三种类型的错误分类值"这样的现有质量管理标准就可以。如果对第一次采集的数据也进行管理，那么需要制定与现有质量管理标准不同的标准，确认数据采集范围的充分性、数据对采集对象的依赖度，以及第一次采集的文本内容与分类结果是否真的一致。如果实际的文本具有否定的政治意见，但是错误地被归类为肯定，并且存储了结果数据，那么这个就成为了错误数据。

那么是否要确认和筛选这种错误数据？所有的分析都不是完全精确的，文本分析的准确度尤其低。因此，最终还是要在考虑数据应用的重要程度之后再进行判断。如果用于趋势分析，那么没必要一定确认结果数据与原数据（内容）的一致性。但是如果用于其他重要的分析，就应该进行确认，而且需要再次查看文本分析算法，有时还需要检查管理体系，确认是否进行了手动修补。

针对大数据的质量管理，有必要对一些现有数据质量管理的项目进行更改。如果要使大数据达到可以分析的状态，则需要花费很多时间对其进行加工（及时性的问题）。有时，虽然数据本身可用，但是因为对其难以赋予键或调整细节，所以很难与其他数据结合在一起进行分析。有时，数据虽然有错误，但是通过分析模型领域的前期处理，完全可以用于分析，而且错误本身还可以成为分析对象。

三、质量管理系统和数据修改

对数据进行质量管理是非常有必要的，但是根据数据质量认证指南构建和维持数据质量管理体系需要花费相当多的时间和费用。除了评价质量以外，像修改数据或缩短清洗时间一样提升数据质量的操作，需要投入比构建大数据分析系统还要多的精力。

像补充缺失的数据、处理异常值、为了分析而转换数据这样的操作，应该在哪里进行？如果是内部数据，那么是否应该在相当于源头的运行系统中进行修改，或者可能在数据分析系统的采集区域、数据集市区域，甚至可能不在数据区域，而是在分析模型的前期处理功能区域进行。对此进行判断，不仅要考虑数据的质量和分析模型的质量，而且要从分析的角度理解数据处理。笔者希望大家在第十一章学习完数据处理方法后，再思考数据质量管理与数据修改的问题。

第五节　数据采集接口和人工智能

高德纳咨询公司曾经预测在 2020 年通过虚拟现实（Virtual Reality，VR）接口购买产品的消费者将达到 1 亿人。虚拟现实或增强现实（Augmented Reality，AR）技术目前已经在多个领域中应用。如果在应用了虚拟现实技术的虚拟试衣（Fitting）系统显示器中加入自己的形象，就可以生成与自己体形相似的虚拟替身，在显示器中代替自己试穿服装。

这种虚拟试衣系统获取的数据和获取数据的方式与现有的数据分析系统截然不同，其也许还会采集用户不愿意透露的身高和体重信息。另外，该系统不仅采集直接可得的数据，还可能采集被人工智能处理过的数据，这些数据可能是人工智能的实时预测和对我们收到提议（推荐）时做出的反应的最终评价信息。该系统除了根据购买与否来评价客户偏好以外，还会根据客户试穿衣服的时间、更换衣服颜色的次数，甚至是客户的脸部表情来测量客户偏好。

用户接口就是数据采集接口，IBM Watson、谷歌 Now、苹果 Siri、亚马逊 Alexa、微软 Cortana 都通过人工智能（分析模型、算法上的机器学习、深度学习）技术提供用户接口。如果能确保有用户接口，那么我们就能从软件中获取数据。

客户即使使用智能手机的语音指令选择和购买商品，商品交易公司也能采集到客户购买商品的数据。如果苹果 Siri 能够采集和分析用户看着商品图片自言自语的内容（例如"如果颜色再浅一点就好了""要给他/她买一个"等），那么除购买商品的数据以外的与客户相关的信息，就可通过苹果公司来获取。

我们在电影中经常看到，秘书帮助老板挑选衣服和皮鞋，并为其家人买礼物，预订聚会场所，人工智能和接口技术可以"制造"出网络秘书或代替自己行动的网上替身。这个秘书（替身）会购买商品，甚至还会写商品评价。那么，公司采集的数据就不是与人直接交流时生成的数据，而是与替身交流时生成的数据。这时，商家会更重视人工智能之间的接口，而且关注的不再是能够提高人的购买概率的推荐方式，而是能够提高人工智能的购买概率的推荐方式。

第十一章　大数据的处理

第一节　用于分析的数据和数据处理

从采集数据前的源头开始，到采集、存储、分析，任何位置上都可能需要进行数据处理。

一、采集阶段的各类数据处理

需要识别的手写字图像数据通常上下左右分明，字的大小一致，将图像输入到深度学习算法中，其会变成非常"整洁"的向量数据，识别率也很高。但是在实际操作中，并没有那么整齐的图像数据，数据处理通常比深度学习分析更难，需要的时间也更多。

为了识别语音而采集的语音数据，也存在口音、方言难以辨认等问题。识别语音可以将语音数据直接输入到语音识别算法中，也可以经过语音标准化操作后再识别。

采集文本数据时，会收集到不需要的数据，尤其通过爬取采集数据时，需要进行只剪切必要数据的解析操作。即使通过解析（Parsing）整理了分析需要的数据，也还是要进行数据标准化操作。如果"卫生间""卫生见""卫生剪"都指的是卫生间，那么就要将它们统一成一个单词。如果要判断"卫生剪"真的是"卫生剪"还是写错字，就要看语言环境。为了顾及这种情况并做出正确的数据，一些专家还应用了自然语言处理（Natural Language Processing，NLP）方法。

传感器数据的处理在很大程度上取决于分析师使用数据的能力，而不依赖于数据处理技术。传感器数据的采集和存储过程如图 11-1 所示。

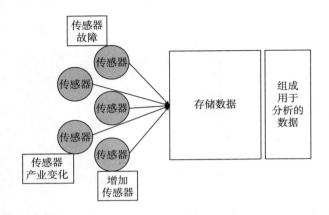

图 11-1　传感器数据的采集和存储

假设采集传感器数据后进行存储，实际上传感器数据会通过网关设备传送（图 11-1 未表示这一过程）。如果按照网关传送的数据形态直接存储，则需要按照分析目的进行多次处理。进行具体的分析前，需要根据传感器领域的情况调整数据。假设某年 5 月某个传感器出现故障，产生了错误值或出现数据缺失现象，需要排除该传感器的数据，那么就要根据分析目的决定是排除故障发生之后产生的数据，还是将之前产生的数据都排除。如果增加了传感器，数据分析也要反映这个情况。如果没有单独存储每个传感器的数据，而是以平均值进行存储，那么应该从增加传感器的时间开始使用平均计算公式计算出传感器数据的平均值。这类似于为了测量办公室温度，不只设置一个传感器，而是在窗边和办公室内设置两个传感器存储传感器数据平均值的情况。当特定传感器的感应度产生变化，测量的值比实际温度低 1℃时，可以加 1℃进行校正后存储。将反映传感器领域情况的数据作为基础数据存储后，也有很多需要做的数据处理工作。

假设每天记录职员人数，一周通常是 7 天的职员人数之和，但是特定周的职员人数则不是 7 天的职员人数之和。因此，需要在确定特定周的职员人数或 7 天的职员人数最大值或平均职员人数等标准以后，再进行其他分析。传感器数据也同样是特定时间点的状态值，所以处理时需要注意这个问题。

如果以天为单位测量温度数据，通常要将最高、最低、平均温度都表示出来。如果要进行以秒为单位的传感器数据分析，就要将传感器数据的时间单位转换成秒。如果要进行与每周销售额有关的分析，就要将传感器数据的时间单位从小时变成周。进行此类分析时，会经常有这类操作。

二、构建灵活的数据处理系统

分析师很难事先知道自己要分析的内容，如果在获知分析主题时，就能轻松地组成分析数据，会对分析工作很有帮助。

与其他数据相比，传感器的数据比较容易收集，但是在收集过程中会出现很多中间数据或使用后就可以丢弃的数据。这时为了灵活地处理数据，需要考虑变更系统结构（见图 11-2）。

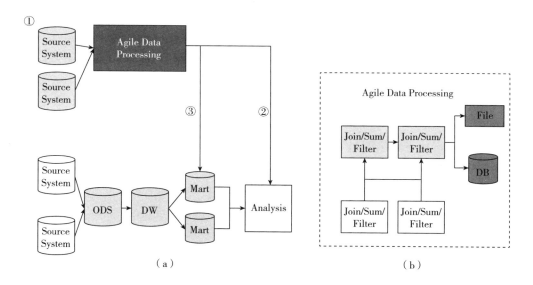

图 11-2　灵活的数据处理

如果源数据增多或发生变化，即多种类型的传感器数据增多或发生变化，可以不经过分析—设计—构建集市的步骤，迅速生成分析数据集［图 11-2（a）中的①］后直接进行分析［图 11-2（a）中的②］。如果要持续地进行分析，就要定期将数据添加到现有集市中［图 11-2（a）中的③］。

可迅速生成数据集的方法是将结合、合计、过滤功能组合在一起，其处理结果以文件形态存储或存储到数据库中［见图 11-2（b）］。

三、在统计的角度上，可提高数据质量的数据处理

以分析模型（尤其是以统计模型）为前提时，通常不直接使用存储的数据，

而是在补充缺失的数据、放弃或修改超过正常范围的异常值以后再使用。

补充缺失数据（Missing Data）最基本的方法是，当缺失的数据较少时，用均值或中间值（Median）代替连续型数据，用频率最高的数值（Mode）代替分类数据。如果数据是变量的组合，即向量［如（a，b，c，d）这样的数据中，有几个缺少 d 的数据］，可以用通过回归分析或最近邻算法求出的值来代替。

就像进行问卷调查时处理空白部分一样，在处理少量数据时，分析者会更谨慎地补充数据，经常使用的方法有多重填补法（Multiple Imputation）。先做出代替缺失数据的 5 个估计数据（根据研究结果，通常推荐 3~5 个数据），如果整体的数据是 100 个（包括缺失的数据），那么会准备 5 套数据集（每套 100 个数据）。分析这 5 套数据集后，以每套的估计值与标准误差为基础，做出一套补充好的数据集（与集成方法有点相似）①。

现在看看异常值。其实，针对异常值最终要解决的问题就是确定何谓异常值。虽然异常值以非正常的形态显示，但是实际上其有可能是正常的。以存折余额来分析财富平均值时，将非常富有的人的存折余额归为异常值，可能是正确的。

在这里暂时不介绍商业角度上的分析目的，我们先看看在机器上确定异常值的情况。像传感器数据一样的机器数据，可能会以下面的方式进行处理：

将"第三四分位数②+1.5 *（第三四分位数-第一四分位数)/2"定为上限值，将"第一四分位数-1.5 *（第三四分位数-第一四分位数)/2"定为下限值。超过上限值的数据由上限值代替，下限值以下的数据则由下限值代替。

如果数据较多，并且正好是正态分布，那么将"平均值+2 * 标准误差"定为上限值，将"平均值-2 * 标准误差"定为下限值。

对于复杂的分析系统结构，我们应该清楚在哪里补充缺失的数据或修改异常值，已修改的数据应该在哪个位置。修改数据有时要在源头处进行，有时则要在使用分析模型时，先确认数据质量，之后再进行修改。通常对数据仓库和用于分析的集市进行区分以后利用就可以。但是像销售额一样的重要数据，如果未按照数据转换规则调整，即使异常值是确定的，也不能修改。如果有必要修改，则只在指定的集市或用户分析端进行修改。

---

① 实际上从大数据的角度考虑时，不应该使用多重填补法，我们可通过更换问卷调查的提问内容或其他方法求出数据。

② 从最低值开始排列 16 个数据。这时将第四个数据称作第一四分位数，第八个数据称作第二四分位数，第十二个数据称作第三四分位数，并且将（第三四分位数-第一四分位数)/2 称作四分位数间距（Inter-Quartile Range）。

第二节 数据集市和分析指标

与分析有直接关联的数据处理是以数据仓库为基础，在数据集市中进行的。

一、维度与度量值

像金额、件数这样与值有关的数据可以定义为度量值，而像时间、地区这样的数据则可以定义为维度。有时为了降低分析难度，会更换数据类型。

订单金额虽然是度量值，但分析师有时会利用这些数据制作名为订单金额区间的维度，这么做能比较方便地根据各订单金额区间对订单客户数量进行分析。虽然分析物品配送所需时间时，也会参考物品配送所需时间的平均值，但还是会将各个物品配送所需的时间与物品配送件数组合在一起进行分析。

在客户属性数据中，年龄属于连续型数据。将年龄分成年龄段区间是指将连续型数据变为分类型数据，这种操作称作分箱（Binning），与制作区间维度相同。像 1～10 岁、11～20 岁、21～30 岁一样，使区间的幅度相等的方法称作等宽分箱（Equal-Width Binning）方法。如果是化妆品领域的分析，为了考虑客户分布情况，将客户按照年龄分为 1～20 岁、21～25 岁、26～30 岁、31～40 岁、41 岁以上组别的方法称作等频分箱（Equal-Frequency Binning）方法。有时，还会将客户分成像十多岁与否、二十多岁与否一样的二项（Binomial）变量。

期间和时间点数据是处理起来较麻烦的、具有代表性的数据类型。期间数据中，订单金额以（从某时到某时的）期间为基础。将每天（期间为一天）的订单金额相加就能计算出每月、每季度的订单金额，平均值、最大值、最小值根据公式计算就可以得到。而像存折余额、库存数量一样的数据则以某个时间点为前提，如果按照在度量值名称上标注时间点的方式加以区分，使用起来会很方便。

进行向上钻取和向下钻取分析时，要区分期间和时间点。以月>季度>年的标准分析期间数据时，可以通过计算求出度量值，而时间点数据则要通过匹配相应时间点求出度量值。

像"日>月>季度>半年>年"一样的形态称作层次。我们之所以能按照大中小的类别来区分商品并进行分析，就是因为按照层次结构对数据进行了处理。有时我们所理解的会与实际情况不同，例如日期与周不属于同样的层次。应先按照年度将周定义为第一周、第二周、第三周等，然后再单独定义"周>年"等数据层次。

如果有"去重"（Distinct）标准，那么计算度量值时需要注意这个问题。假设5天有10万件订单，那么购买的人会有多少？因为一个人能购买多次，所以计算时要查看每个订单，去除重复的部分，这样的度量值称作去重计数（Distinct Count）值。因为要查看并计算每个订单，需要花费相当多的时间，所以最好不要在分析程序里准备这样的值，而是提前在集市领域里准备。

如果数据存在多个维度，有时会产生这样的问题。进行问卷调查时，如果可以对三个项目进行单选或双选，会出现1、2、3、（1，2）、（1，3）、（2，3）、（1，2，3）七种答案组合。分析各组合的回答人数时，计算出的总回答人数就是实际的总回答人数。但是分析各项目的回答人数时，如果对1〔实际上包括四种组合，即1、（1，2）、（1，3）、（1，2，3）〕、2、3项的回答人数进行合计，会得出超过总回答人数的值。如果不理解这种差异而操作数据，就会得到错误的统计。

有时，度量值和维度会因比较关系而被看作新的变化值。根据数据项目和变化值类型，显示出新度量值的方法称作变化值分析方法。表11-1是对变化值类型的说明。

表11-1　变化值类型

变化值类型	说明
变化量	现有度量值的增减数
变化比率	现有度量值和需要比较的数据的增减率
以列为基准的比率	以列为基准的现有度量值的比率
以行为基准的比率	以行为基准的现有度量值的比率
以列的总合计为基准的比率	列的维度在2个以上时，显示以列维度的总合计为基准的比率
以行的总合计为基准的比率	行的维度在2个以上时，显示以行维度的总合计为基准的比率
以总合计为基准的比率	显示以行为基准、以列为基准的总合计（Grand Total）的整体比率
以列为基准的排序 （Largest->Smallest）	以度量值的列为基准，显示从大的数据开始的1，2，3…这样的顺序
以行为基准的排序 （Largest->Smallest）	以度量值的行为基准，显示从大的数据开始的1，2，3…这样的顺序

续表

变化值类型	说明
以列为基准的排序 （Smallest->Largest）	以度量值的列为基准，显示从小的数据开始的 3，2，1…这样的顺序
以行为基准的排序 （Smallest->Largest）	以度量值的行为基准，显示从小的数据开始的 3，2，1…这样的顺序

制作业绩报告时，会使用较上年增减率、同比增减率等项目，这样的度量值需提前在数据集市中制作好，或者在联机分析处理产品中查询时进行处理。

二、在商业角度上的分类与分析指标

根据不同的标准，会得出不同的销售额。假设 2015 年 5 月收到 100 亿韩元的订单项目，订单项目的期限是 2015 年 7 月到 2016 年 6 月。如果从营销的角度看，因为接收订单本身非常重要，所以在收到订单的 2015 年 5 月，就将 100 亿韩元标记为订单金额（使用"订单金额"这个名称代替"销售额"）。而从会计的角度，考虑到项目的时间，会将 50 亿韩元作为 2015 年的销售额，其余 50 亿韩元则作为 2016 年的销售额。此外，根据管理目的，100 亿韩元还可以分为余额、应收账款等项目。

从会计的标准度量时，因为大部分都是根据会计系统制定的规则执行，所以不需要在分析系统中单独进行数据处理，但是按照营销标准或业绩评价标准度量时，需要进行数据处理。以行业的专业化标准处理数据有一定的难度，但也很重要。数据分析师不仅要具备相关业务知识，还要经常进行大量计算，所以需要掌握这方面的技术。

游戏行业通常会进行留存率分析，该分析以特定期间的登录用户为对象，寻找每天都登录游戏的用户。例如，从 1 月 1 日起到 7 月底为止每天都登录游戏的用户数量、从 6 月 1 日（活动日）到某天为止每天都登录游戏的用户数量会成为商业调查的分析指标。这些指标需要使用之前介绍的去重计数值求出，因此要找到属于这个期间的所有数据后进行计算。有时为了计算留存率指标，还会构建应用列式数据库管理系统的专用集市。

假设一个商品的销售价格每次都不同，或者在每月初按照客户等级确定销售价格，那么应该如何计算销售额？计算销售额时，应该参考价格表，然后再对每个订单匹配当时的价格。第二种情况是参考客户表。如果在交易系统中考虑到以上情况并设计了订单交易表，那么销售额就比较容易计算，但是这种可能性不大。分析的目的不是使订单交易顺利地进行，而是不遗漏任何订单，并计算出正确的销售额。由以上分析可知，为了防止遗漏并进行参考和计算时，比采用列式数据库管理系统更有效的方式是同时使用关系型和列式数据库管理系统。①

因为分析指标也是一个度量值，所以需要从多种角度进行思考。留存率也可以按照游戏、服务器、性别、年龄段、新会员或老会员等情况进行多样化分析。不论数据集市是哪种数据库管理系统，都要通过多维建模和多种维度对度量值进行多样化分析。

如果对分析进行了深度思考，就会开发出有意义的分析指标，为数据处理和作为成果的数据集市的构建奠定基础。在数据集市中，应该进行与分析有直接关联的、有意义的数据处理。

第三节　多维建模的应用

一、多维建模回顾

多维建模（Multi-dimensional Modeling）是为了进行分析而组成数据的方法。数据仓库、数据集市应由多维数据模型组成。虽然有只应用关系型建模并由分析工具自行处理数据的方式，但是在这种情况下，分析师不能集中精力分析，需要在数据处理和匹配上花费非常多的时间。因此，至少应该在作为数据领域最末端的分析集市上使用多维模型。虽然目前使用 NoSQL 的用户逐渐增多，但是其不能很好地被应用在大数据分析领域。即使在大数据分析领域能使用 NoSQL，但是为了更好地分析，也应该使用多维数据模型。

使用关系型数据库时，如果像应用多维数据模型一样［而不是实体关系建模（Entity Relationship Modeling）］，将 NoSQL 用于运营，就应该根据相应数据库的特点，进行列建模或键值建模、文档建模；如果用于分析，则要应用多维模型。

多维模型由度量值和连接各维度时需要的、由维度编码组成的事实表、各种维度表构成。表 11-2～表 11-5 是按照年、月、商品、性别进行分析的多维建模示例。

---

① 如果用技术用语进行附加说明，就是在列式数据库管理系统中可以通过并行处理进行内连接（Inner Join）计算，但是没有可防止遗漏的左连接（Left Join）功能。

表 11-2　度量值数据的事实表

序号	销售时间编码	商品编码	性别编码	销售件数
1	201507	A	M	1
2	201507	C	F	3
3	201508	A	M	1
4	201509	C	M	2

表 11-3　销售时间维度表

销售时间编码	销售时间（年）	销售时间（月）
201507	2015	7
201508	2015	8
201509	2015	9

表 11-4　商品维度表

商品编码	商品类型
A	游艇
B	飞机
C	汽车

表 11-5　性别维度表

性别编码	性别
M	男
F	女
NA	未确认

表 11-2 是有度量值数据的事实表，表 11-3～表 11-5 是三个维度表。使用 NoSQL 之前，我们先从实务的角度看看进行多维建模时的注意事项。销售时间维度表中只有三个月的内容，因为分析范围只涉及三个月，所以这里显示了最低限度的内容。如果有必要，也可以显示 2015 年 1 月到 2020 年 12 月的内容。如果在销售发生之前提前做表，用户分析画面中可能出现空栏，或者将数据输入到分析模型时可能被看作 Null 值，因此要注意这些问题。如果只根据分析需要列出一

定时间范围内的内容，那么就要定期更新销售时间表。这里介绍的这个示例，需要每月自动累积销售时间编码、销售时间（年）、销售时间（月）到销售时间维度表中。与日期有关的维度与销售时间、订单时间、生产时间一样，使用同样的编码，虽使用的名称不同，但属于同一个维度，所以通常只生成一个时间维度，只指定其与事实表之间的关系。

虽然事实表中没有商品 B 的销售记录，但是商品维度表中有 A、B、C 三种商品的记录。用于分析的数据，原则上是不删除的，但断货或中止销售等原因，可能会使运营系统删除相应的商品信息。如果在分析系统上直接反映这些内容，而在商品维度表中删除相应的商品编码，则不能分析过去的销售业绩（如果机械地采集和存储数据，有时就会发生这种情况）。

我们在性别维度表中会看到 NA（即 Not Available，无效）这样的编码，这是用于处理没有值的情况或出现其他值的项目。实际上，如果无法掌握客户性别，又发生了销售，就会做一个空栏或写上像"未知"这样的其他值。有时还会发生事实表中的销售件数是 100 件，但是进行没有定义无效的性别维度分析时只显示 95 件的现象。

二、在列/键值数据库中进行多维建模

在关系型数据库管理系统中，可以像以上示例一样，直接生成通过多维建模设计的表，并且根据定义的关系，通过连接查询操作进行分析。以上示例有"销售时间、商品类型、性别""销售时间、商品类型""销售时间、性别""商品类型、性别""销售时间""商品类型""性别"七种维度组合。

前文介绍过 NoSQL 无法进行连接查询操作，如果不能进行连接查询操作，则应该提前在表中反映维度组合。也就是说，在列/键值数据库中进行多维建模就相当于按照列/键值数据库的形式生成表。那么，应该对这七种维度组合各定义一个表，并在相应表中显示相关组合的连接查询结果。

在简单的键值数据库中，"商品类型"组合的表和"销售时间、商品类型"组合的表的形态如表 11-6 和表 11-7 所示，而各表中的销售件数之和都是 7。

表 11-6　简单键值数据库中商品类型组合

键	值类型	商品类型	销售件数
1	按照商品类型销售	游艇	2
2	按照商品类型销售	汽车	5

表 11-7 简单键值数据库中销售时间和商品类型组合

键	值类型	销售时间（年）	销售时间（月）	商品类型	销售件数
1	按照销售时间和商品类型销售	2015	7	游艇	1
2	按照销售时间和商品类型销售	2015	7	汽车	3
3	按照销售时间和商品类型销售	2015	8	游艇	1
4	按照销售时间和商品类型销售	2015	9	汽车	2

表 11-8 是列式数据库中有关"销售时间、商品类型"组合的表。在这个表中，作为层次维度的销售时间和作为事实的度量值被定义为列类型（Column Type）。

表 11-8 列式数据库中销售时间和商品类型组合

数据库	Table	商品类型	列类型	值
销售	按照销售时间和商品类型销售	游艇	销售时间（年）	2015
销售	按照销售时间和商品类型销售	游艇	销售时间（月）	7
销售	按照销售时间和商品类型销售	游艇	销售件数	1
销售	按照销售时间和商品类型销售	游艇	销售时间（年）	2015
销售	按照销售时间和商品类型销售	游艇	销售时间（月）	8
销售	按照销售时间和商品类型销售	游艇	销售件数	1
销售	按照销售时间和商品类型销售	汽车	销售时间（年）	2015
销售	按照销售时间和商品类型销售	汽车	销售时间（月）	7
销售	按照销售时间和商品类型销售	汽车	销售件数	3
销售	按照销售时间和商品类型销售	汽车	销售时间（年）	2015
销售	按照销售时间和商品类型销售	汽车	销售时间（月）	9
销售	按照销售时间和商品类型销售	汽车	销售件数	2

三、在文档数据库中进行多维建模

以下是文档数据库中有关"销售时间、商品类型"组合的文档（见图 11-3），我们将销售时间作为层次维度，可将其做成嵌套文档。

```
{
{ ID: 1
  商品类型: 游艇
  销售时间: {
    销售时间 (年): 2015
    销售时间 (月): 7
           }
  销售事实: {
         销售件数: 1
           }
}
{ ID: 2
  商品类型: 游艇
  销售时间: {
    销售时间 (年): 2015
    销售时间 (月): 8
           }
  销售事实: {
         销售件数: 1
           }
}

...
}
```

图 11-3　进行多维建模的文档

在这个示例中，销售件数可以简单地以属性的形态表示。当有销售额、购买商品的客户数量等其他度量值时，销售事实文档是作为参考指南使用的。

第四节　用于分析模型的数据准备

在数据领域，出于分析目的通常会对数据进行处理，但是有时为了得到特定分析模型的输入值需要对数据进行变形。这个操作有时不在数据领域进行，而是在分析程序内进行。

一、规范化

笔者在介绍机器学习中的神经网络模型时，介绍过将输入值定为 -1～1 对数据进行标准化处理的操作，这样的操作称作规范化。就像定义 0~10 的值的区间一样，使原数据恰当地位于相应区间内，这个称作区间规范化（Range Normalization）。变换值使用"｛（原来的值-最小值）/（最大值-最小值）｝*（区间上限-区间下限）+区间下限"这样的公式计算就可以。

此外，还可利用分布概念将数据变换成-1~1 或 0~1 的值，这个称作标准分数（Standard Scores），有时又称 Z-score 或 Z-transform，变换值则通过"（原来的值-平均值）/标准误差"来计算。但是，这种规范化要求原数据呈正态分布，不然就会发生歪曲。

二、取样（Sampling）

有时数据分析不需要使用全部数据，可以只使用一部分数据，这时通常会进行随机取样（Random Sampling），但是数据有多种属性（维度）时，应该在考虑数据属性的基础上选择数据。例如，抽取客户群时，如果客户数据有性别、地区维度，就应该按照各维度组合的比重，均匀地抽取数据。

三、准备用于分析的数据迁移

数据的迁移需要根据分析的程序采用不同的方式。

如果是 R 软件，则在模型中读取（上传到内存）以文本形式的文件准备的数据后进行分析处理。有些模型还包含 Z-score 步骤，则需要以文件形式将原数据输入到模型后进行规范化。

如果是联机分析处理程序，存储在数据库中的数据不会被输入到联机分析处理程序中，联机分析处理程序只显示在数据库中查询到的结果值。

第五节 海杜普分布式文件系统中的数据处理

一、映射归约（Map Reduce）

映射归约是大容量数据分布处理技术。在思考后面的问题之前，我们先提出一个前提，即映射处理逻辑具有简单的数据库处理功能。

映射归约是对海杜普分布式文件系统的数据输入和输出，数据由键和值的形态组成。映射（Map）是指将分散的数据以键和值的形态组成具有相关性的数据。归约（Reduce）是指去除映射结果中重复的部分并输出。映射归约是更接近海杜普分布式文件系统的编程语言。

二、海杜普上的 SQL（SQL on Hadoop）

使用映射归约直接处理海杜普分布式文件系统中的数据的效率非常低，因此需要有像 SQL 一样使用户容易理解和操作的语言。

Hive 是海杜普的数据仓库工具，提供了与 SQL 语言相似的查询语言——HQL（HiveQL）。如果用户使用 HQL 制作数据处理命令，那么会将 HQL 命令转换成映射归约形态并执行。Hive 也具有以映射归约为基础的局限性，如果是复杂的查询操作会导致其运转速度下降。因此，出现了类似于 SQL 或可直接使用 SQL 并且不使用映射归约技术的 Impala、Presto 等技术。

海杜普上的 SQL 以海杜普分布式文件系统（将文件存储在磁盘的技术）为对象，所以基本上难以从批处理中脱离出来。目前大家非常关注像 Apache Spark 一样既可以用于处理实时流数据，还可以将中间处理的数据存储在存储器里，即使没有海杜普分布式文件系统也可以使用的技术。

第六节　实时、批处理、流

一、实时和批处理

实时的定义是什么？实时查询、实时处理、实时分析、实时发生、实时预测、实时应对、实时决策的意思都不相同。对于包含"实时"的词语，有时要单独考虑某种情况，有时要将两三种情况结合在一起考虑。

如果有人跑到自动驾驶汽车前面（实时发生），就要以当前车辆的行驶速度、方向以及汽车与人之间的距离为基础，判断发生碰撞的可能性（实时分析与预测）。如果有碰撞的可能性，就要停车或改变车辆行驶方向（实时应对）。如果汽车发生碰撞（实时发生），冲击信号会传达到气囊（实时处理），气囊会弹出（实时应对）。

利用列车零件的使用时间、零件的故障记录，能够计算出列车零件的更换周期（批处理分析）。每月初调查（实时查询）确认列车需要更换的零件（批处理分析结果）以后，可以在一定期限内更换对应的零件（批处理应对）。物联网（IOT）技术在高铁运行的过程中，可以实时确认各种零件的使用时间，并在需要更换的时间点实时发出更换信号。通过深度学习技术，对零件、气象条件、速度、铁轨状态、周边情况（如山体滑坡、地震等）进行综合判断后，可实时判断列车脱轨或发生故障的可能性（实时预测）。列车司机还能提前知道即将发生的列车事故是否危及生命。

但是有些情况可能不适合进行实时操作，比如进行实际的商业分析时，不适合进行实时处理和分析的情况较多，并且在应对的层面上，比预测发生特定的事情（发生事故）更有效的是能预测特定事情发生前的状况（警惕事故风险）。

如果要制定恰当的预防措施，而不是机械地进行实时应对，就要知道得出预测结果的分析逻辑。如果不知道事故风险原因而做出分析，那分析就不具有太大的价值，而且在得知这个预测信息时，还要有充分的时间采取预防措施。解决问题通常需要三天时间，如果只能判断一天以后的事故风险，就没有什么意义。

二、流数据的处理

传感器数据会持续不断地在传感器中生成，这些数据就是流数据。通常，传感器开始测量的时间就是数据生成的时间，因为数据的传送、存储或处理也需要时间，所以虽然传感器测量与数据生成之间的间距很短，但是数据生成也可能会发生延迟。如果数据上有时间信息并且很重要，那么就要按顺序处理。但是测量以分钟为单位的温度时，因为延迟生成的延迟时间不会超过秒，所以没必要一定按照顺序处理数据。

虽然流数据处理中包含实时分析，但是很难使用需要进行大量计算的分析模型。目前，相关领域的专业人士正在通过求解近似值的方式单独开发适合流分析的新算法。在前面介绍的分析方法中，如果要应用回归分析、决策树等模型，就要通过分析和学习将其确定为模型公式，才能应用到流分析中，或者通过最近邻算法这样简单的相似度计算方法进行流的判断分析。

笔者不在这里介绍分析方法，只介绍基础的处理方法。如果在温度传感器数据中只选择超出正常温度水平（$10℃ \sim 12℃$）的数据，那么就成为在输入的数据中只选择特定数据并存储的方法（过滤方法）。如果输入温度传感器和压力传感器数据，那么可以将两种数据匹配成一个数据对，或做成像压力温度比一样的新数据（内连接方法）。两种数据可能会因为数据生成延迟时间的差异，导致数据传达的时间也不同。这时需要一个临时存储数据的空间，并且需要一种政策，即先到达的 a 时间点的温度数据等待后到达的 a 时间点的压力数据，如果数据超过了特定时间还未到达，就不进行匹配并删除。

数据可以立即处理，也可以按照一定大小（时间间隔）和单位进行处理。窗口是按照一定时间间隔处理数据的方法。但是从严谨的角度考虑时，其可以被看作是微批处理①，而不是看作流。如果在 10 秒的时间点、20 秒的时间点处理在 0~10 秒、10~20 秒输入的传感器数据，那么就成为以 10 秒为单位的固定窗口（Fixed Windows）方式。如果每 5 秒处理一次以 10 秒为单位的数据，就会有重复的部分，这种方式因为有窗口移动的意思，所以称作滑动窗口（Sliding Windows）方式。

Apache Spark 是因为流处理而得到广泛关注的开放源码技术，不仅能用流进行实时处理，还能使用 SQL；不仅能提供机器学习库，还能处理图。另外，这四种功能还可以互相提供支持，因此得到了很多关注。

从流数据分析的算法中可以看出，这是一种能有效利用有限的存储资源、与求出准确的值相比更重视合理估计值的方法。其理论虽然比较难，但是如果有很好用的库（Library）就会轻松很多。虽然笔者对 Spark 抱有期望，但是目前似乎还没有可以轻松利用的流分析模型。

---

① 作为近期具有代表性的实时流技术的 Spark 是滑动窗口方式。

第十二章 大数据分析产品与不断发展的技术

第一节 分析产品的选择

我们回顾一下之前介绍过的数据分析方法，有表现数据内容和意义的联机分析处理、报告、可视化，能找到数据隐藏的内容（而不是分析和表现数据本身）的统计、机器学习，能助力企业做出决策的最优化、预测、虚拟等方法。联机分析处理、报告、可视化能单独成为分析工具，也可以整合成为看板。

虽然从统计到模拟各种产品都有各自固有的应用领域，但是传统的统计产品正在逐渐包含其他分析功能，其有时会将整合的其他分析功能与自身固有的特点、商用和开放源码区分开，有时又会将它们混合在一起。那么，选择哪个产品才有助于分析？

一、联机分析处理产品的类型

联机分析处理产品主要以工具（软件产品）① 的形态销售，可以分为多种类型。具有代表性的类型是多维联机分析处理和关系型联机分析处理。关系型联机分析处理是直接在关系型数据库管理系统进行数据查询的方式，多维联机分析处理是组成单独的立方块（Cube）后进行数据查询的方式。支持这两种数据查询方式的联机分析处理称作混合型联机分析处理。

---

① 到目前为止，学界还未区分产品、工具、程序、应用程序（有时还称作解决方案）这些用语。虽然它们的词义有些不同，但是学者在实际应用中未进行严格区分，只是会根据情况多使用一些特定用语。

关系型联机分析处理通常以存储在普通的关系型数据库管理系统的表为对象，可以定义表之间的关系并进行普通的数据查询，有利于进行复杂的商业分析。但是如果没有明确地掌握数据库的结构，就会得到错误的分析结果，数据查询就会花费相当长的时间。

就像在数据处理中说明的一样，如果用户想要准确、轻松地使用数据分析工具，那么不论是多维联机分析处理还是关系型联机分析处理，数据集市都应该由多维模型构成。多维联机分析处理的立方块是以多维的形态预先组织数据并存储的场所，其结构比数据集市的多维模型更为严谨。立方块的逻辑很明确，数据查询速度也很快。立方块有时能作为数据库的引擎（微软的分析服务）使用，有时还能成为数据库或文件。

如果以是否使用多维结构和作为多维分析专用 SQL 的多维表达式（Multidimensional Expressions）为判断立方体的标准，那么微软的分析服务将是唯一符合要求的立方体。在大部分情况下，作为制作分析结果报告的前一阶段的、处于数据和报告之间的数据文件称作立方体（联机分析处理工具制作公司在使用这个词语）。

实际上，联机分析处理工具的分类并不重要，因为我们能接触到的所有联机分析处理工具都可以被看作关系型联机分析处理。即使是多维联机分析处理，在普通分析师看来其与关系型联机分析处理也没有什么差异。学者有时会将联机分析处理分为内存型联机分析处理和以磁盘为基础的联机分析处理，但实际上这种区分也不重要。因为这只是与数据分析辅助功能有关的内容，重要的数据分析事项由数据库承担（而不是联机分析处理）。有时联机分析处理还可分为前端展示联机分析处理（Desktop OLAP）、网络联机分析处理（Web OLAP）、服务器—客户机联机分析处理（CS OLAP），这些也是我们需要掌握的内容。

分析师进行联机分析处理分析时需要访问数据，如果其直接访问数据（这个称作 TCP/IP 方式），就会产生数据安全问题、服务器负载问题（应该有相当于用户数量的连接关系）。为了防止这些问题发生，用户会选择使用网络服务（使用 http）访问数据。除了个人前端展示联机分析处理，包括企业前端展示或服务器—客户机在内的大部分联机分析处理都以网络服务方式访问数据。通常说的网络联机分析处理，准确地讲就是由网络浏览器驱动的联机分析处理。

从用户接口（User Interface）角度，联机分析处理可以分为单纯的网络或 HTML5 的联机分析处理和服务器—客户机的联机分析处理。只要有网络浏览器，就可以随时随地进行联机分析处理分析，从这一点来看，网络联机分析处理具有优势。但是如果以分析为目的，就没有意义。网络因自身的局限性，很难在页面上显示大量的数据。进行分析时，如果将数万个数据显示在页面上，网页运行速度会变慢，甚至会导致宕机。不过，网络联机分析处理在查询分析结果报告方面比其他方式的数据分析更有优势。

在大数据发展初期，有的数据分析工具与现有的联机分析处理工具不同，重视用于大数据分析的联机分析处理技术。在大数据发展的初期，海杜普与 NoSQL 构成了主要的数据存储基础设施，并且使用了可进行分析的、称作 Hive 的数据集市组成技术，这时只能使用可进行分析的、用于 Hive 的数据查询技术（HQL）。支持 HQL（而不是 SQL）的联机分析处理又称用于大数据分析的联机分析处理。当然，现在已经不对这些内容进行区分了。

如果分析师在联机分析处理页面中定义分析内容（具体的维度、度量值和限制），那么会通过联机分析处理工具将这个要求转换成查询命令后访问数据库并获取相应的结果。现在的商用联机分析处理产品能用于分析大部分的数据库和 NoSQL、海杜普、设备。

从严谨的角度看，NoSQL、海杜普因为结构比较简单，所以没有必要一定使用联机分析处理进行多维非结构化分析。因为在用于数据分析的数据库的构建阶段，通常使用关系型数据库管理系统（RDBMS）或设备建立最终的数据集市，并在数据集市驱动联机分析处理（OLAP），所以没有必要单独分离出用于大数据分析的联机分析处理（OLAP）。

市场上的联机分析处理产品相互竞争，导致一些商家利用没有实际意义的分析辅助功能来划分联机分析处理工具的等级，但实际上我们应该关注的是联机分析处理工具是否拥有优秀的联机分析处理分析功能，能否轻松地被使用。

二、数据爆炸

在通过维度的各个成员表现数据的立方体中，原来的小规模（稀薄）数据在立方体中大幅增长的现象[①]称作数据爆炸。这个问题是在初期的联机分析处理工具中出现的，最新的多维联机分析处理引擎中已不存在这个问题。

在实际业务中需要解决的问题是报告中的数据重复问题，这是由将用于报告的数据已包含在联机分析处理制作的报告内而产生的问题。在计算机性能较低时，连调取数据也需要花费很多时间，所以需要提前生成报告，用户只能进行简

[①] 离职人员每年约有 5~6 名，如果每天对此进行分析，就会需要 365 个维度成员，而实际度量值（离职人员数量）在其中只占 5 个左右。如果在 365 个立方体中都放入数据（0 或者 Null 数据），或者除了日期维度以外，还考虑部门维度、地点维度时，放入的数据量会激增。

单的查询，不能进行分析。因此，同样的报告会在不同的时间点形成多份，其中包含的数据也会增加。磁盘容量会因此不足，无法预计的文件也会大量增加，管理起来非常困难。初期的联机分析处理产品就是根据这种报告思路设计的，因此存在数据重复的问题。目前有很多数据分析产品存在这样的问题，这样的产品并不直接访问数据，也不以对话的方式进行分析，而是提前获取数据后进行分析，所以在概念上不是联机分析处理产品，而是报告产品。

这种结构会导致数据库的计算功能无法使用，也就是说，即使引进设备也只能用于构建集市，进行分析时仍然需要依赖另外的联机分析处理应用程序服务器或个人计算机的性能。我们可以将内存联机分析处理看作暂时搁置数据爆炸的结构性问题并想通过用户端解决问题的办法，但实际上，报告时对用于报告的数据集进行最优化（最少量）才是最有效的方案。

三、R 软件和 TensorFlow

R 是提供包括统计在内的几乎所有的数据分析方法的开放源码软件，而 TensorFlow 以深度学习为重点。R 软件是将模型和算法组装成程序并共享的开放源码，而 TensorFlow 是由谷歌制作并公开的开放源码。R 软件有很多种，即使是一个模型，也有多种版本（组件）。R 软件致力于提高研究人员的使用感受，而 TensorFlow 更多地反映了开发人员的观点。R 软件在大容量数据分析方面有局限性，特别是深度学习模型只能用于练习和学习。TensorFlow 没有停留在开放源码阶段，还开发出可处理大容量数据的 TensorFlow 专用云环境、TensorFlow 专用 GPU。那么我们应该使用哪种产品（程序）？

个人进行数据分析时，使用 R 软件就已足够。我们可以将普通的 R 软件当作个人计算机使用，而 Revolution R 则是适合企业使用的服务器产品。如果将普通的 R 软件设置在服务器上并由多人同时连接和使用，会有怎样的结果？结论是不能同时使用。因为该软件没有多重用户的管理概念，也不支持多线程（Multithread）操作。所以某个人的操作完成以后，其他人才能开始操作。如果不能进行数据分布处理，那么进行大容量数据处理时，程序可能会停止，甚至导致服务器宕机。因为不清楚某些分析模型进行数据分析所需的时间和产生的负荷，所以每个人应该在个人计算机上操作，那么出现问题时也仅仅是导致个人计算机宕机。我们应该先进行初步试验，然后再在系统中正式运行，即在个人计算机中先运行 R 软件，然后开发出在服务器中运行的 R 模型和周期处理功能，这也是很好的方法。

为了在服务器中操作 R 软件，可以进行以海杜普为基础处理 R 模型的映射归约编程。为了便于分析，可以购买商业版本的 R 软件；如果想具有强大的数据分析能力，可以选择 SAS 或者 SPSS 等产品。

目前，从公司的角度构建分析系统同时使用 TensorFlow 等开放源码程序和大数据处理平台的案例正在逐渐增加，使用较多的开放源码有 Mahout、Spark MLlib、Python。Mahout 包含统计和机器学习的分析方法，拥有多种推荐算法。Spark MLlib 虽然没有多种分析方法，但是能同时进行实时流数据处理，所以使用人数正在逐渐增加。Python 不仅是可用于开发模型的编程语言，还能提供机器学习库。

有些人会以开放源码为基础，自行开发分析程序，但是这存在诸多的困难。如果开发的分析程序不是个人使用，而是公司里的多数人员使用，那么除了需要具有多种分析功能外，其还要具有较高的分析性能，同时能确保数据安全，开发难度更大。

使用云服务也是一种有效的分析方法，像微软、亚马逊、IBM 这样的云服务公司，大部分都会提供统计、机器学习分析服务。

四、分析产品和 SQL 查询

数据和分析产品可以通过文件上传或数据库查询来连接。虽然分析产品可以对支持标准 SQL 的数据库进行标准 SQL 查询，但是分析产品的数据查询性能不仅取决于数据模型，还受数据库产品本身的影响。即使是经常使用的关系型数据库产品 Oracle、MSSQL、DB2，当使用标准 SQL 进行数据查询时，运行速度也可能比预想的慢。即使是相同类型的数据库产品，也需要使用不同的 SQL。换句话说，就是即使是商用分析产品，也无法提供适合所有数据库产品的最优化的 SQL。

第二节　产品的替代与变化

一、改变主意的代价

有时我们在使用一段时间的某产品后，会选择使用其他分析产品。更换分析产品时，偶尔会出现大的问题。如图 12-1 所示，更换分析产品时连分析逻辑或数据也会与原有的分析产品一起消失。

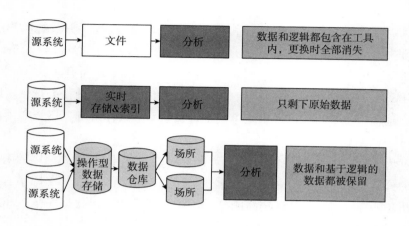

图 12-1　随着产品更换消失的内容

更换数据库或设备等数据平台时，也会发生数据转换费用、新的接口连接费用。优化要素越多的产品，数据转换费用就越高，具有代表性的产品是 Oracle、Exa。在分析产品中，不作为产品使用而是根据用户要求定制的产品（实际上是披了产品外衣的开发解决方案）的更换经常存在数据转换费用，且存在低效的知识资产再利用等问题。

二、并不"开放"的开放源码

就像 R 软件一样，因为免费软件存在数据同时处理的局限性和分布处理的限制，所以用户不得不购买企业服务器版本的现象很多。图数据库 Neo4j 作为开放源码，虽然其社区版是免费的，但是 GPL2.0 许可证不能免费使用，企业通过订阅模式或 OEM 模式才能使用 Neo4j。几年前通过邮件咨询的企业版订阅模式的价格是 129000 美元，并且可提供 3 生产实例、3 检验实例、3 开发实例。如果增加生产实例 Production Instance，就需要另外支付 16000 美元。

OEM Model 是指提供解决方案的公司将包含 Neo4j 的公司产品销售给客户的方式。购买该产品时，用户需要支付每年 80000 美元的平台费（Platform Fee）和占产品收入 10%~12% 的特许权使用费（Royalty Fee）。

第三节　人工智能带来的产品变化

　　机器学习使分析产品产生了很大的变化。进行联机分析处理或制作报告与选择重要的度量值和维度组合一样，如果程序通过机器学习可以知道哪些维度组合对特定度量值的显示有意义，其就可以自动进行分析。也就是说，按照各维度组合进行方差分析后，由程序来挑选出有意义的差异。如果测量数据质量的产品也可以通过分析数据应用模式导出业务规则，那么由人类直接定义的很多工作都可以自动进行。

　　相似度测量模型或最优化中的匹配算法在特定领域以具体的形态发展时，相应的分析产品可能会以服务形态直接渗透到我们的生活中，那么算法可为人类的出生和成长、恋爱成家、生儿育女等诸多方面提供建议。

结　语

　　作为大数据分析的入门篇，到此本书的内容已全部结束。因为是概论，所以本书介绍了很多内容，但是没有达到专业水平。如果想成为大数据分析方面的专家，可以查阅各领域的专业资料。

　　了解和做出实际的尝试是有差异的，在现实生活中，原来以为可以轻松完成的工作，却因为没找对方向而艰难地完成的情况也很多。虽然只靠本书来解决问题是不够的，但是《大数据分析的案例研究与实务》作为大数据分析的练习篇也会在不久后出版，其介绍的内容会比本书更实用、更有综合性，是对本书的有益补充。